计算机"十三五"规划教材

U0318253

# 中文版 AutoCAD 2015 实例教程

主 编 张 颖 韩慧仙 曾 赟
副主编 张艳英 黄小花 涂中明 祝佳光

北京希望电子出版社
Beijing Hope Electronic Press
www.bhp.com.cn

# 内容简介

本书通过实例的编写方式详细地介绍使用 AutoCAD 2015 进行辅助绘图的方法与技巧，能够帮助读者快速掌握 AutoCAD 绘图技能。本书共 10 章，主要包括 AutoCAD 2015 操作基础，二维绘图基础，二维图形的绘制，二维图形的编辑，文本与表格的应用，尺寸标注的应用，图块、外部参照及设计中心的应用，三维图形的绘制，三维图形的编辑，以及图形文件的输出与打印等知识。

本书既可作为应用型本科院校、职业院校的教材，也可供广大 AutoCAD 绘图爱好者及各行各业人员作为 AutoCAD 自学手册使用。

## 图书在版编目（CIP）数据

中文版 AutoCAD 2015 实例教程 / 张颖，韩慧仙，曾赟主编. —— 北京 ：北京希望电子出版社，2017.7（2023.8 重印）

ISBN 978-7-83002-482-6

Ⅰ . ①中… Ⅱ . ①张… ②韩… ③曾… Ⅲ . ①AutoCAD 软件—教材 Ⅳ . ①TP391.72

中国版本图书馆 CIP 数据核字（2017）第 137653 号

出版：北京希望电子出版社
地址：北京市海淀区中关村大街 22 号
　　　中科大厦 A 座 9 层
邮编：100190
网址：www. bhp. com. cn
电话：010-82626270
传真：010-62543892
经销：各地新华书店

封面：赵俊红
编辑：龙景楠
校对：李　冰
开本：787mm×1092mm　1/16
印张：14
字数：358 千字
印刷：唐山唐文印刷有限公司
版次：2023 年 8 月 1 版 2 次印刷

定价：58.00 元

# 前　言

AutoCAD 是一款重量级的计算机辅助设计软件，它功能强大、性能稳定、兼容性好、扩展性强、使用方便，具有优秀的二维绘图、三维建模、参数化图形设计和二次开发等功能，在机械、电子电气、汽车、航天航空、造船、石油化工、玩具、服装、模具、广告、建筑和装潢等行业应用十分广泛。

本书是以 AutoCAD 2015 简体中文版为平台，以 AutoCAD 2015 应用为教学主线，以实战应用为导向，同时结合编者多年设计经验为读者量身打造的基础与应用并重的实例教程。为了帮助广大读者快速掌握 AutoCAD 绘图技能，我们特组织专家和一线骨干老师编写了《中文版 AutoCAD 2015 实例教程》一书。本书具有以下几个特点。

（1）全面介绍 AutoCAD 2015 的基本功能及实际应用，以各种重要技术为主线，然后对每种技术中的重点内容进行详细介绍。

（2）运用全新的写作手法和写作思路，使读者在学习本书之后能够快速掌握 AutoCAD 绘图技能，真正成为 AutoCAD 辅助绘图的行家里手。

（3）全面讲解 AutoCAD 2015 的各种应用，内容丰富，步骤讲解详细，实例效果易于理解，读者通过学习能够真正解决在实际工作和学习中遇到的难题。

（4）以实用为教学出发点，以培养读者实际应用能力为目标，通过通俗易懂的文字和手把手的教学方式讲解 AutoCAD 绘图操作中的要点与难点，使读者全面掌握 AutoCAD 应用知识。

本书共 10 章，主要包括第 1 章 AutoCAD 2015 操作基础，第 2 章二维绘图基础，第 3 章二维图形的绘制，第 4 章二维图形的编辑，第 5 章文本与表格的应用，第 6 章尺寸标注的应用，第 7 章图块、外部参照及设计中心的应用，第 8 章三维图形的绘制，第 9 章三维图形的编辑，第 10 章图形文件的输出与打印等知识。

本书由湖南怀化职业技术学院的张颖、湖南机电职业技术学院的韩慧仙和黄河水利职业技术学院的曾赟担任主编，由河南省濮阳市卫生学校的张艳英、江西交通职业学院的黄小花、江西司法警官学校的涂中明和衡水科技工程学校的祝佳光担任副主编。本书的相关资料和售后服务可扫本书封底的微信二维码或登录 www.bjzzwh.com 下载获得。

本书在编写过程中难免有疏漏和不当之处，敬请各位专家及读者不吝赐教。

编者

# 目 录

# 第1章　AutoCAD 2015 操作基础

## 【本章导读】

AutoCAD 是由 Autodesk 公司开发的，国际上流行的计算机辅助设计软件。目前的 AutoCAD 2015 为新版本，较之前的版本增加了许多功能，使用起来更加便捷。本章将学习 AutoCAD 2015 的基础知识与基本操作，为使用 AutoCAD 制图打下良好的基础。

## 【本章目标】

- ➤ 认识 AutoCAD 2015 的工作界面。
- ➤ 了解 AutoCAD 2015 的新增功能。
- ➤ 学会对图形文件进行基本操作。
- ➤ 熟练地对绘图环境进行设置。
- ➤ 熟练地对工作空间进行设置。

# 1.1　AutoCAD 2015 基本知识

同传统的手工绘图相比，使用 AutoCAD 绘图速度更快、精度更高。AutoCAD 具有良好的用户界面，通过交互菜单或命令行方式便可以进行各种操作。本任务主要学习 AutoCAD 2015 的基本功能及新增功能、软件对系统配置的要求，然后认识 AutoCAD 2015 的工作界面。

### 基本知识

#### 一、AutoCAD 的基本功能

想要学好 AutoCAD 软件，首先要了解该软件的基本功能，如图形的创建与编辑、图形的标注、图形的显示以及图形的打印功能等。

#### 1. 图形的创建与编辑

在 AutoCAD 中，用户可以使用"直线""圆""矩形""多段线"等基本命令创建二维图形。在图形创建过程中，也可以使用"偏移""复制""镜像""阵列""修剪"等编辑命令对图形进行编辑或修改，如图 1-1 所示。

通过拉伸、设置标高和厚度等操作，可以将二维图形转换为三维图形，还可以运用视图命令对三维图形进行旋转查看。此外，还可赋予三维实体光源和材质，通过渲染处理即可得到具有真实感的三维图形效果，如图 1-2 所示。

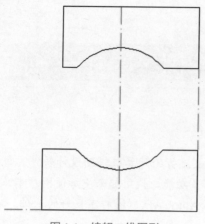

图 1-1　编辑二维图形

图 1-2　渲染三维图形

### 2．图形的标注

图形标注是制图过程中的一个重要环节。AutoCAD 软件提供了文字标注、尺寸标注以及表格标注等功能。AutoCAD 的标注功能不仅提供了线性、半径和角度三种基本标注类型，还提供了引线标注、公差标注等。标注对象可以是二维图形，如图 1-3 所示；也可以是三维图形，如图 1-4 所示。

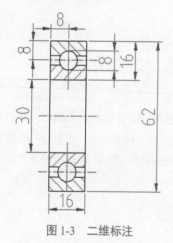

图 1-3　二维标注

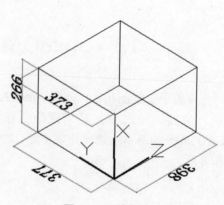

图 1-4　三维标注

### 3．图形的输出与打印

AutoCAD 不仅可以将绘制的图形以不同样式通过绘图仪或打印机输出，还能将不同格式的图形导入 AutoCAD 软件，或将 CAD 图形以其他格式输出。

### 4．图形显示控制

在 AutoCAD 中，用户可以多种方式放大或缩小图形。对于三维图形来说，利用"缩放"功能可以改变当前视口中的图形视觉尺寸，以便清晰地查看图形的全部或某一部分细节。在三维视图中，可将绘图窗口划分成多个视口模式，并从各视口中查看该三维实体，如图 1-5 所示。

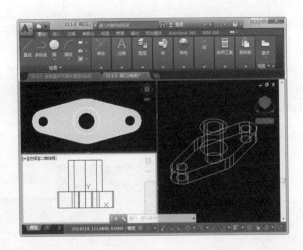

图 1-5　视口模式

## 二、AutoCAD 2015 的新功能

AutoCAD 2015 作为 AutoCAD 中的新版本，它在继承了早期版本中的优点之外，还增添了几项新功能。下面将对其进行详细介绍。

### 1. 新选项卡功能

老版本中的欢迎界面在 AutoCAD 2015 中升级为新选项卡。当启动 AutoCAD 2015 时，在默认情况下它会打开新选项卡。在新选项卡左侧区域可创建空白文档，或者单击"样板"下拉按钮，在弹出的下拉菜单中选择其他样本，还可打开计算机中的文件或图集等，如图 1-6 所示。

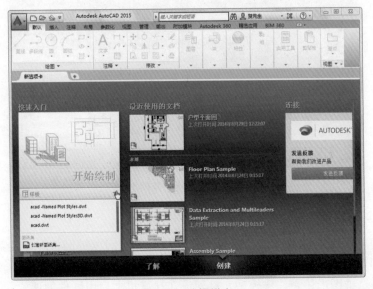

图 1-6　选择样本

在中间区域显示最近使用的文档，单击"固定"按钮，将其变为蓝色显示状态，可将文档固定到该区域，如图 1-7 所示。

图 1-7　固定文档

在欢迎界面最下方选择"了解"选项卡，可以查看相关视频和软件更新信息等，如图1-8 所示。

图 1-8　"了解"选项卡

### 2．硬件加速功能

硬件加速功能是通过减少执行图形操作所耗费的时间以提高性能。当启用硬件加速时，许多与图形相关的操作将使用已安装的图形卡的 GPU，而不是使用计算机的 CPU。无论处理的是二维图形还是三维模型，都建议在计算机上启用硬件加速。

可以使用硬件加速改进图形的操作，包括二维图形或三维模型中的缩放及平移、动态观察、重生成打开的图形的显示、在屏幕上显示视口中的材质和光源、渲染三维模型等。

在状态栏中右击"硬件加速"按钮，在弹出的快捷菜单中选择"图形性能"命令，如图 1-9 所示。弹出"图形性能"对话框，在此可进行详细设置，如图 1-10 所示。

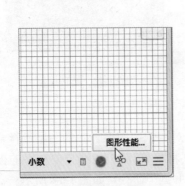

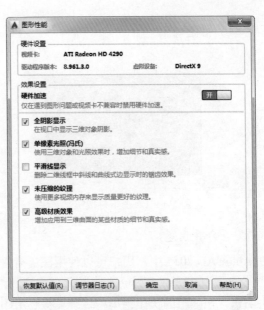

图 1-9　选择"图形性能"命令　　　　图 1-10　"图形性能"对话框

**3．套索选择功能**

通过套索选择功能可以方便地选择不规则对象。具体操作方法为：在按住【Alt】键的同时，按住鼠标左键进行选择，即可出现不规则选择区域，该区域内的对象将被全部选中，如图 1-11 所示。

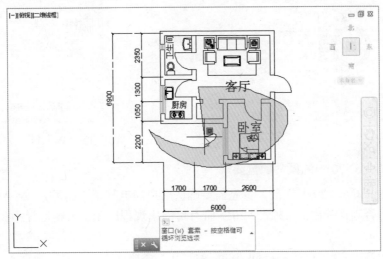

图 1-11　套索选择

**4．命令行搜索功能**

AutoCAD 2015 命令行增加了功能搜索选项。例如，在使用"图案填充"命令时，命令行会自动罗列出填充图案，以供用户选择。其方法为：在命令行中输入 H，系统将自动打开与之相关的命令选项。单击"图案填充"后的折叠按钮，如图 1-12 所示，打开填充图案列表，选择满意的图案单击，即可进行图案填充操作，如图 1-13 所示。

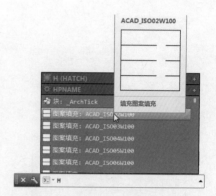

图 1-12　单击折叠按钮　　　　　　　　　　　　图 1-13　选择图案

### 5．图层合并功能

在 AutoCAD 2015 中，用户可以使用图层合并功能对图纸中需要合并的图层进行合并操作，其方法为：单击"图层特性"命令，打开"图层特性管理器"，选择要合并的图层选项并右击，在弹出的快捷菜单中选择"将选定图层合并到"命令，如图 1-14 所示。在弹出的"合并到图层"对话框中选择目标图层选项，然后单击"确定"按钮，即可完成合并操作，如图 1-15 所示。

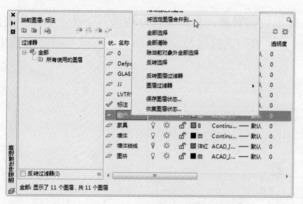

图 1-14　选择"将选定图层合并到"命令　　　　　图 1-15　选择图层

### 三、AutoCAD 2015 的硬件配置要求

在安装 AutoCAD 2015 之前，首先需要确认用户的电脑是否满足 AutoCAD 2015 的最低系统需求，否则在使用 AutoCAD 2015 时有可能出现程序无法流畅运行、在运行过程中出错等问题。

以下是运行于 32 位操作系统的 AutoCAD 2015 系统需求。

| 操作系统 | Microsoft Windows 7 Enterprise<br>Microsoft Windows 7 Ultimate<br>Microsoft Windows 7 Professional<br>Microsoft Windows 7 Home Premium<br>Microsoft Windows 8<br>Microsoft Windows 8 Pro<br>Microsoft Windows 8 Enterprise |
| --- | --- |

续表

| 浏览器 | Internet Explorer ® 7.0 或更高版本 |
|---|---|
| 处理器 | Windows 7 和 Windows 8：<br>Intel Pentium 4 或 AMD Athlon 双核，3.0 GHz 或更高，采用 SSE2 技术 |
| 内存 | 2 GB RAM（建议使用 4 GB） |
| 显示器分辨率 | 1024×768（建议使用 1600×1050 或更高）真彩色 |
| 硬盘 | 安装 6.0 GB |
| 定点设备 | MS-Mouse 兼容 |
| .NET Framework | .NET Framework 版本 4.0 |
| 三维建模其他需求 | Intel Pentium 4 处理器或 AMD Athlon，3.0 GHz 或更高，或者 Intel 或 AMD 双核处理器，2.0 GHz 或更高<br>4 GB RAM<br>6 GB 可用硬盘空间（不包括安装需要的空间）<br>1280×1024 真彩色视频显示适配器 128 MB 或更高，Pixel Shader 3.0 或更高版本，支持 Direct3D®功能的工作站及图形卡 |

四、AutoCAD 2015 工作界面

AutoCAD 2015 软件界面与 AutoCAD 2014 的界面大致相似，但在 AutoCAD 2015 界面中增添了"新选项卡"功能，在该选项卡中可以进行打开最近文档等操作。新建空白文档后，进入工作界面，如图 1-16 所示。

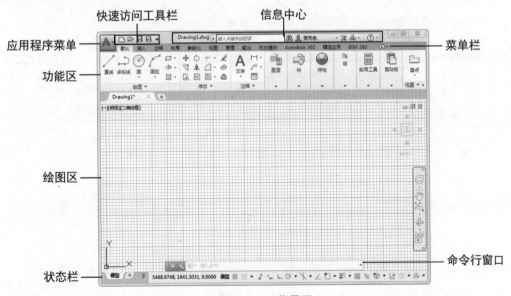

图 1-16　工作界面

### 1. 应用程序菜单

单击"应用程序"按钮▲，即可访问应用程序菜单。该按钮位于 AutoCAD 窗口左上角，按钮上有一个立体的 A 字母标示。通过应用程序菜单上的选项，可以执行新建、打开、保存、输出、打印和发布文件等操作，如图 1-17 所示。

通过应用程序菜单右上角的搜索框可以便捷地搜索到各种常用命令，例如，在搜索框中输入关键词 M，可以快速搜索出与关键词有关的命令。之后选择搜索结果中的所需选项，即可执行该命令，如图 1-18 所示。

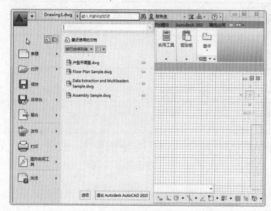
图 1-17　单击"应用程序"按钮

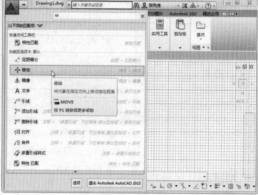
图 1-18　搜索命令

### 2. 快速访问工具栏

在"应用程序"按钮右侧为快速访问工具栏，包含"新建""打开""保存"等常用命令按钮，以及工作空间选择按钮。用户可以单击快速访问工具栏最右侧的下拉按钮，通过"自定义快速访问工具栏"下拉列表定制要显示的工具，如图 1-19 所示。

右击快速访问工具栏，可以通过弹出的快捷菜单改变快速访问工具栏的位置，删除不需要的命令，以及添加分隔符等操作，如图 1-20 所示。

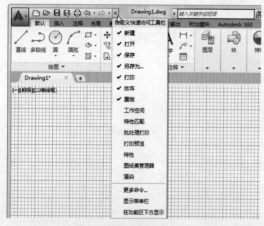
图 1-19　"自定义快速访问工具栏"下拉列表

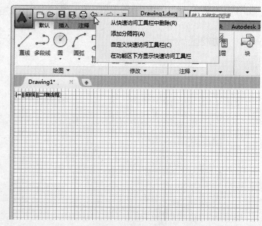
图 1-20　快速访问工具栏快捷菜单

如果选择"自定义快速访问工具栏"命令，将弹出"自定义用户界面"窗口。拖动命令列表框中的命令到快速访问工具栏，即可添加该命令，如图 1-21 所示。

此外，还可以右击功能区面板中的命令，通过弹出的快捷菜单添加该命令到快速访问工具栏，如图 1-22 所示。

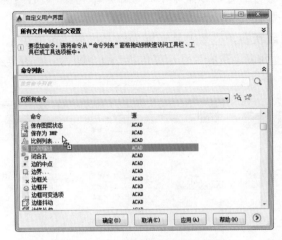

图 1-21　"自定义用户界面"窗口

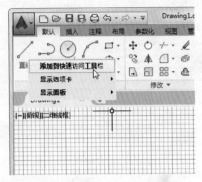

图 1-22　添加命令到快速访问工具栏

### 3. 信息中心

信息中心位于 AutoCAD 2015 窗口标题栏的右侧。相对于之前版本，AutoCAD 2015 对信息中心的相关按钮进行了变动。在保留搜索框及帮助访问按钮的基础上，新增加了"登录"按钮和用于产品更新与网站连接的两个按钮，如图 1-23 所示。

图 1-23　信息中心

在搜索框中输入关键词，并单击"搜索"按钮，将打开"Autodesk AutoCAD 2015-帮助"窗口，显示与关键词有关的帮助信息，如图 1-24 所示。

单击信息中心"保持连接"按钮，通过弹出的下拉菜单可以进入 AutoCAD 产品中心、认证硬件等网站链接，如图 1-25 所示。

图 1-24　"Autodesk AutoCAD 2015-帮助"窗口

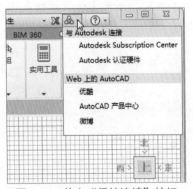

图 1-25　单击"保持连接"按钮

**4. 菜单栏**

AutoCAD 2015 的菜单栏几乎包含了所有命令, 以菜单形式显示。单击菜单项, 在弹出的下拉列表及子菜单中选择命令即可, 如图 1-26 所示。

AutoCAD 2015 的菜单栏默认处于隐藏状态, 需要将其设置为显示状态。单击快速访问工具栏右侧的下拉按钮, 在弹出的下拉列表中选择"显示菜单栏"命令即可, 如图 1-27 所示。

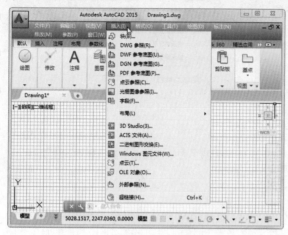

图 1-26　菜单及子菜单

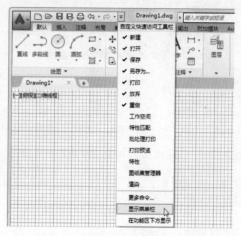

图 1-27　选择"显示菜单栏"命令

**5. 功能区**

功能区位于"应用程序"按钮、快速访问工具栏及信息中心的下方, 绘图区的正上方, 由集中放置了各种命令和控件的选项卡组成, 这些命令与控件被分类组织到各个小型面板中, 如图 1-28 所示。

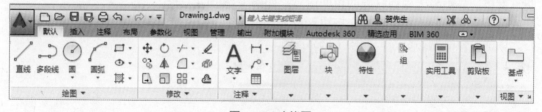

图 1-28　功能区

在面板名称上按住鼠标左键进行拖动, 可以改变面板之间的先后排序, 或将面板拖动到绘图区的任意位置, 如图 1-29 所示。

图 1-29　移动面板

**6. 绘图区**

绘图区位于功能区的下方，是绘制与编辑图像的工作区域。绘图区包括绘图区域和选项卡。右击选项卡名称，可以进行新建、打开与保存等操作，如图 1-30 所示。

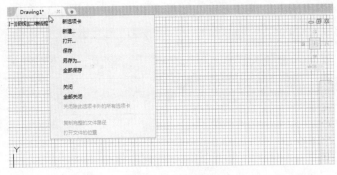

图 1-30　绘图区

**7. 命令行窗口**

命令行窗口位于绘图区的下方，状态栏的上方。通过命令行窗口可以输入与执行命令，从而快速访问某工具，如图 1-31 所示。

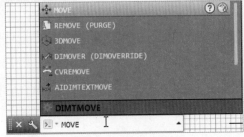

图 1-31　输入命令

用户可以在命令行窗口左侧深色区域按住鼠标左键向上拖动，将其置于功能区上方，如图 1-32 所示。

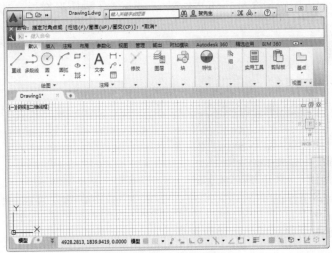

图 1-32　拖动命令行窗口

**8. 状态栏**

状态栏位于 AutoCAD 窗口的最底部，主要用于切换工作空间、显示光标的坐标值、精确绘图辅助工具、导航工具，以及切换注释比例等工具。单击状态栏右侧"自定义"下拉按钮，可以通过弹出的下拉菜单自定义要显示的工具，如图 1-33 所示。

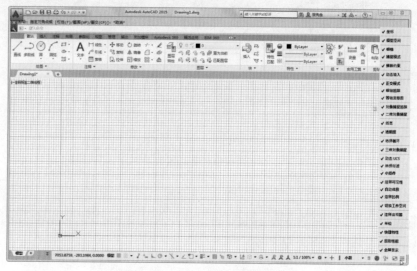

图 1-33　自定义状态栏

## 实例 1　创建新图形文件

在启动 AutoCAD 2015 后，程序并不会像之前版本一样自动进入新建文档的界面，而是进入新选项卡。如果希望手动新建图形文件，以满足不同的工作需要，可以通过以下四种方法实现。

**方法一：使用新选项卡新建图形文件**

启动程序后，在打开的新选项卡中单击"开始绘制"按钮，如图 1-34 所示，即可自动创建名称为 Drawing1 的图形文件，该文件以 acadiso.dwt 为图形样板，如图 1-35 所示。

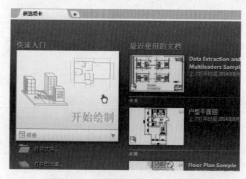

图 1-34　单击"开始绘制"按钮

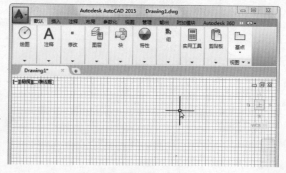

图 1-35　新建文件

**方法二：通过应用程序菜单新建图形文件**

单击窗口左上方的"应用程序"按钮，打开"应用程序"菜单，在其中选择"新建"

命令，如图 1-36 所示。弹出"选择样板"对话框，在列表框中选择样板文件，然后单击"打开"按钮即可，如图 1-37 所示。

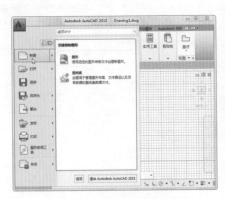

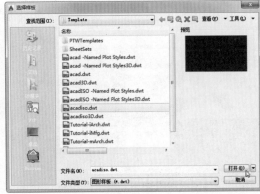

图 1-36　选择"新建"命令　　　　　　图 1-37　单击"打开"按钮

**方法三：通过快速访问工具栏新建图形文件**

单击快速访问工具栏中的"新建"按钮，如图 1-38 所示，同样会打开"选择样板"对话框，新建图形文件。

**方法四：通过菜单栏新建图形文件**

单击"文件"|"新建"命令，如图 1-39 所示，也会打开"选择样板"对话框，即可新建图形文件。

图 1-38　单击"新建"按钮　　　　　　图 1-39　单击"新建"命令

## 实例 2　打开图形文件

如果未启动 AutoCAD，则双击存储在电脑中的 AutoCAD 图形文件的对应图标，即可启动 AutoCAD，并打开该图形文件。

如果已启动 AutoCAD，则可以通过单击新选项卡中的"打开文件"链接，如图 1-40 所示，选择"最近使用的文档"图标，选择应用程序菜单中的"打开"命令，然后单击快速访问工具栏中的"打开"按钮；或是在命令行窗口中执行 OPEN 命令，弹出"选择文件"对话框，找到并选中要打开的图形文件，然后单击"打开"按钮，即可打开该文件，如图

1-41 所示。

图 1-40　单击"打开文件"链接

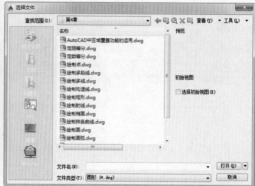

图 1-41　单击"打开"按钮

单击"打开"按钮右侧的下拉按钮，通过弹出的下拉菜单可以选择不同的打开方式，如选择"以只读方式打开"命令，如图 1-42 所示。此时将以只读方式打开图形文件，对其进行修改后将无法对其进行保存操作，否则将弹出提示信息框，提示图形文件被写保护，如图 1-43 所示。

图 1-42　选择"以只读方式打开"命令

图 1-43　提示信息框

### 实例 3　保存图形文件

在图形绘制过程中，每隔一段时间按时保存图形文件，可以避免因误操作、程序故障或停电等意外情况造成文件的损失。

保存图形文件的方法大致可以分为以下三种类型。

**方法一：保存当前图形文件**

通过选择应用程序菜单中的"保存"命令，单击快速访问工具栏中的"保存"按钮，以及在命令行窗口中执行 SAVE 命令，均可执行"保存"命令，保存当前图形文件，如图 1-44 所示。

对于新创建的图形文件，执行"保存"命令，将弹出"图形另存为"对话框。用户可以设置文件名、文件类型和保存位置等。设置完毕后，单击"保存"按钮即可，如图 1-45

所示。

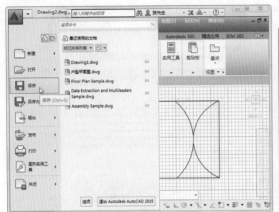

图 1-44 选择"保存"命令          图 1-45 单击"保存"按钮

对于已保存过的图形文件，再次执行"保存"命令将默认将其保存到原位置，而不再弹出"图形另存为"对话框。

方法二：另存为其他图形文件

对于已保存过的图形文件，如果需要将其另存为另一个图形文件，而不改变当前图形文件，可以通过"另存为"命令来实现。通过选择应用程序菜单中的"另存为"命令，或单击快速访问工具栏中的"另存为"按钮，以及在命令行窗口中执行 SAVEAS 命令，均可执行"另存为"命令，如图 1-46 所示。

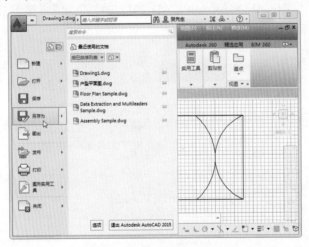

图 1-46 选择"另存为"命令

方法三：设置定时保存图形文件

用户可以设置自动保存图形文件，以免因忘记及时手动保存图形文件，造成文件的损失。在命令行窗口执行 OP 命令，打开"选项"对话框。切换到"打开和保存"选项卡，可以设置自动保存的时间间隔，如图 1-47 所示。

默认的文件自动保存位置较为隐蔽，用户可以更改保存路径为常用文件夹。切换到"文件"选项卡，展开列表框中"自动保存文件位置"选项，然后单击"浏览"按钮，如图 1-48

所示，即可自定义文件的自动保存位置。

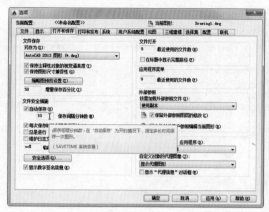

图 1-47　设置自动保存的时间间隔

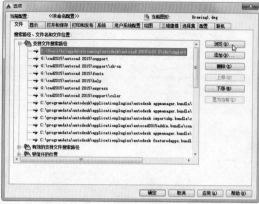

图 1-48　单击"浏览"按钮

### 实例 4　关闭图形文件

如果只需关闭当前图形文件，可以单击绘图区右上角的"关闭"按钮（非主程序窗口右上角的"关闭"按钮），或在命令行窗口中执行 CLOSE 命令即可。

如果需要同时关闭当前打开的所有图形文件且保留主程序，则可展开应用程序菜单中的"关闭图形"级联菜单，选择其中的"所有图形"命令，如图 1-49 所示。在命令行窗口中执行 CLOSEALL 命令，同样可以实现此操作。

如果需要同时关闭当前打开的所有图形文件且关闭主程序，则可打开应用程序菜单，单击菜单右下角的"退出 Autodesk AutoCAD 2015"按钮，或直接单击主程序窗口右上角的"关闭"按钮即可，如图 1-50 所示。

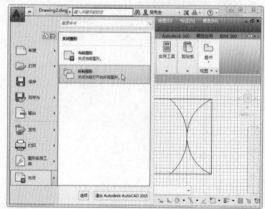

图 1-49　选择"所有图形"命令

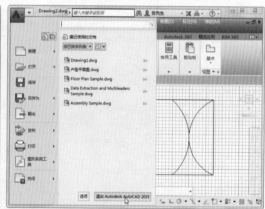

图 1-50　单击"退出 Autodesk AutoCAD 2015"按钮

## 1.2　AutoCAD 系统设置

在进行绘图工作前，需要对系统参数进行设置，以达到最佳效果。这样可大幅缩短工作时间，并提高工作效率，还能达到美观、大方的视觉效果。本任务主要学习系统的设置方法。

## 实例 1　显示设置

显示设置主要是指对窗口颜色、显示精度及十字光标大小等进行设置，具体操作方法如下。

**Step 01** 新建空白图形文件，单击"应用程序"按钮 ，在打开的应用程序菜单中单击"选项"按钮，如图 1-51 所示。

**Step 02** 弹出"选项"对话框，选择"显示"选项卡，拖动"十字光标大小"选项区中的滑块，调整十字光标的大小，如图 1-52 所示。

图 1-51　单击"选项"按钮

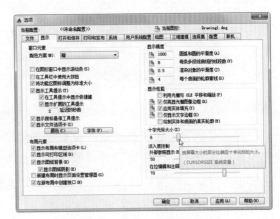
图 1-52　调整十字光标大小

**Step 03** 在"显示精度"选项区中设置相关参数，然后单击"窗口元素"选项区中的"颜色"按钮，如图 1-53 所示。

**Step 04** 单击"颜色"下拉按钮，在弹出的下拉列表中选择"白"选项，然后单击"应用并关闭"按钮，如图 1-54 所示。

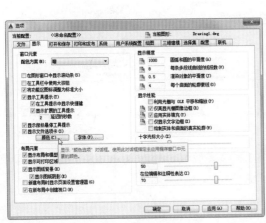
图 1-53　单击"颜色"按钮

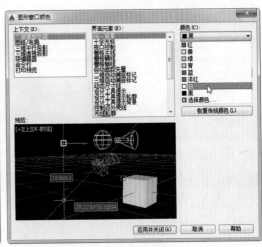
图 1-54　设置图形窗口颜色

Step **05** 返回"选项"对话框，单击"窗口元素"选项区中的"字体"按钮，弹出"命令行窗口字体"对话框，可以进行相关设置，然后单击"应用并关闭"按钮，并单击"确定"按钮，如图 1-55 所示。

Step **06** 返回绘图窗口，查看设置效果，如图 1-56 所示。

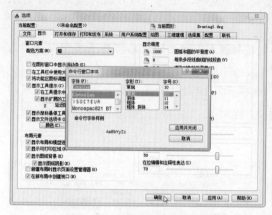

图 1-55　设置命令行窗口字体

图 1-56　查看设置效果

## 实例 2　打开和保存设置

打开和保存设置包括对文件保存类型的设置、最近使用的文件数的设置、自动保存频率设置、加密图形文件等，具体操作方法如下。

Step **01** 打开"选项"对话框，选择"打开和保存"选项卡，单击"另存为"下拉按钮，在弹出的下拉列表中选择合适的文件格式，如图 1-57 所示。

Step **02** 在"文件打开"选项区的文本框中设置最近使用文档的数量，然后单击"文件安全措施"选项区中的"安全选项"按钮，如图 1-58 所示。

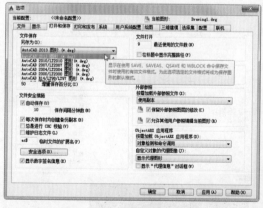

图 1-57　选择文件格式

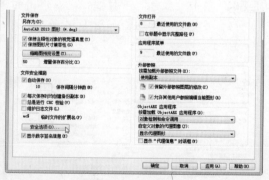

图 1-58　单击"安全选项"按钮

Step **03** 弹出"安全选项"对话框，在"用于打开此图形的密码或短语"文本框中输入密码，然后单击"确定"按钮，如图 1-59 所示。

图 1-59 输入密码

**Step 04** 弹出"确认密码"对话框,再次输入密码,然后依次单击"确定"按钮,如图 1-60 所示。

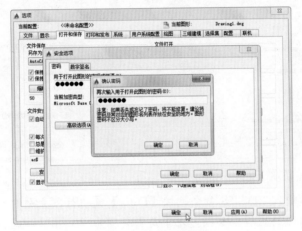

图 1-60 确认密码

**Step 05** 弹出提示信息框,单击"确定"按钮,如图 1-61 所示。

**Step 06** 再次打开此文件时,提示用户需要输入密码,如图 1-62 所示。

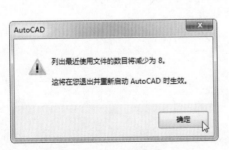

图 1-61 提示信息框          图 1-62 提示输入密码

中文版 AutoCAD 2015 实例教程

## 实例 3　绘图环境设置

用户可以对 AutoCAD 2015 的绘图环境进行自定义，如设置绘图单位、图形界限等，具体操作方法如下。

**Step 01** 单击"应用程序"按钮 ▲，在打开的应用程序菜单中选择"图形实用工具"|"单位"命令，如图 1-63 所示。

**Step 02** 弹出"图形单位"对话框，即可设置图形长度、精度和角度等各项单位，如图 1-64 所示。

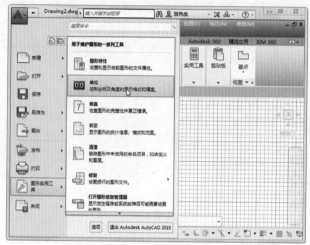

图 1-63　选择"单位"命令　　　　　　图 1-64　设置图形单位

**Step 03** 在命令窗口输入 LIMITS 命令，按【Enter】键执行，分别输入图形界限的左下角点和右上角点的坐标，如指定左下角点坐标为"0，0"，右上角点坐标为"297，210"。

---

命令:_ LIMITS

重新设置模型空间界限:

指定左下角点或 [开(ON)/关(OFF)] <0,0>:

指定右上角点 <420,297>: 297,21004 按【Enter】键确认，重复执行 LIMITS 命令，输入 ON，并按【Enter】键开启图形界限，此时执行任意绘图命令，如果所输入的点位于图形界限以外，将提示"超出图形界限"并无法绘制该点。

命令:_LIMITS

重新设置模型空间界限:

指定左下角点或 [开(ON)/关(OFF)] <0,0>: ON

命令:_line

指定第一点:

**超出图形界限。

---

## 实例 4　工作空间设置

工作空间是经过分组和组织的菜单、工具栏、选项板和面板的集合，它可以使用户在自定义的、面向任务的绘图环境中工作。AutoCAD 2015 包含"草图与注释""三维基础""三维建模"三种预设工作空间，便于用户进行不同类型的图形的绘制工作。用户还可以自定义新的工作空间，以满足不同的工作需要。下面将对工作空间的设置方法进行介绍。

**Step 01** 单击状态栏中的"切换工作空间"下拉按钮，在弹出的下拉菜单中选择"三维基础"命令，如图 1-65 所示。

**Step 02** 此时，将切换到三维基础工作空间。该工作空间的功能区综合提供了最常用的三维建模命令，主要用于简单三维模型的创建，如图 1-66 所示。

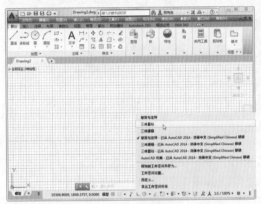

图 1-65　选择"三维基础"命令

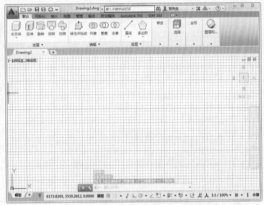

图 1-66　三维基础工作空间

**Step 03** 若在弹出的下拉菜单中选择"三维建模"命令，将切换到三维建模工作空间，如图 1-67 所示。

**Step 04** 若在弹出的下拉菜单中选择"工作空间设置"命令，将弹出"工作空间设置"对话框。通过该对话框可以设置"工作空间"下拉菜单中要显示的工作空间以及排列顺序，如图 1-68 所示。

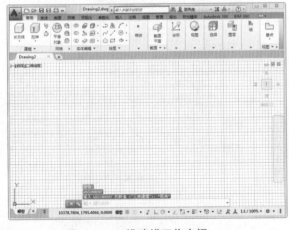

图 1-67　三维建模工作空间

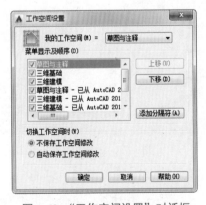

图 1-68　"工作空间设置"对话框

**Step 05** 若在弹出的下拉菜单中选择"自定义"命令，将弹出"自定义用户界面"对话框。右击左上方窗格中的"工作空间"选项，在弹出的快捷菜单中选择"新建工作空间"命令，如图 1-69 所示。

**Step 06** 此时，即可在左上方窗格中新建一个工作空间，输入工作空间命令，然后单击右上方窗格中的"自定义工作空间"按钮，如图 1-70 所示。

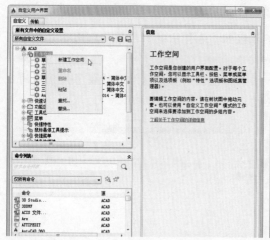

图 1-69 选择"新建工作空间"命令　　　　　图 1-70 单击"自定义工作空间"按钮

**Step 07** 在左上方窗格中单击选项左侧的"+"符号，展开选项，通过选中已展开选项左侧的复选框，设置新工作空间要显示的组件，如图 1-71 所示。

**Step 08** 设置完毕后，在右上方窗格中查看新添加的组件，然后单击"完成"按钮，如图 1-72 所示。

图 1-71 设置要显示的组件　　　　　图 1-72 查看新添加的组件

**Step 09** 关闭"自定义用户界面"对话框，然后单击状态栏中的"切换工作空间"下拉按钮，在弹出的下拉菜单中选择新创建的工作空间命令，如图 1-73 所示。

**Step 10** 切换到新建工作空间，查看设置效果，如图 1-74 所示。

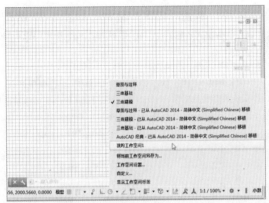
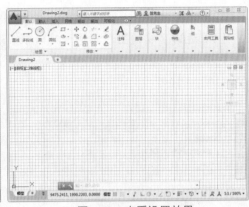

图 1-73　选择新创建的工作空间　　　　　　图 1-74　查看设置效果

# 本章小结

　　本章主要介绍了 AutoCAD 2015 的基础知识及基本操作。通过本章的学习，读者应重点掌握以下知识。

　　（1）了解 AutoCAD 2015 的工作界面各个部分的功能。

　　（2）能够熟练掌握创建图形文件、打开图形文件、保存图形文件和关闭图形文件的操作方法。

　　（3）可以对系统进行自定义设置。

# 本章习题

　　1．自定义绘图比例为 1:25。

　　操作提示：

　　（1）在 AutoCAD 2015 窗口中单击"格式"|"比例缩放列表"命令，如图 1-75 所示。

　　（2）弹出"编辑图形比例"对话框，单击"添加"按钮，如图 1-76 所示。

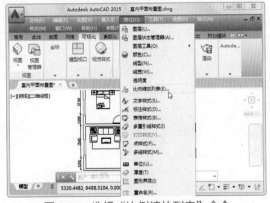

图 1-75　选择"比例缩放列表"命令　　　　　图 1-76　单击"添加"按钮

（3）弹出"添加比例"对话框，输入单位数值，单击"确定"按钮，如图 1-77 所示。

（4）返回"编辑图形比例"对话框，选中添加的比例值，然后单击"确定"按钮，如图 1-78 所示。

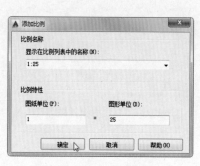

图 1-77　输入单位数值

图 1-78　选择比例

2. 使用 Autodesk 360 共享文档功能实现与好友一起共享文件。

操作提示：

（1）选择 Autodesk 360 选项卡，单击"联机文件"面板上的"共享文档"按钮，如图 1-79 所示。

（2）弹出 Autodesk 360 对话框，添加联系人，然后单击"保存并邀请"按钮即可，如图 1-80 所示。

图 1-79　单击"共享文档"按钮

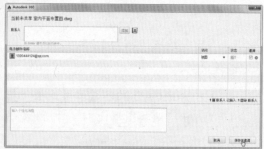

图 1-80　添加共享联系人

# 第 2 章　二维绘图基础

【本章导读】

AutoCAD 2015 具有非常强大的二维绘图功能，可以很方便地对图层进行管理；其辅助工具，帮助用户提高工作效率，快速完成图形的绘制。本章将学习二维绘图的基础知识。

【本章目标】

➢ 认识 AutoCAD 2015 的坐标系统。
➢ 了解 AutoCAD 2015 图层的功能
➢ 学会使用辅助工具帮助绘图。
➢ 学会使用查询工具帮助绘图。
➢ 学会使用参数化工具帮助绘图。

# 2.1　坐标系统

在 AutoCAD 中，根据坐标轴的不同，可以按照直角坐标和极坐标输入图形的二维坐标。在使用直角坐标和极坐标时，均可基于坐标原点(0,0)输入绝对坐标，或基于上一指定点输入其相对坐标。

基本知识

一、直角坐标

直角坐标系也叫作笛卡儿坐标系。在 AutoCAD 中，它包含通过坐标系原点(0,0,0)的 $X$ 轴、$Y$ 轴和 $Z$ 轴三个轴。在输入坐标值时，需要指定沿 $X$ 轴、$Y$ 轴和 $Z$ 轴相对于坐标系原点的距离，如图 2-1 所示。在绘制二维平面图形时，一般只会用到相互垂直的 $X$ 轴、$Y$ 轴，以及坐标系原点(0,0)。$X$ 轴为水平方向，向右为正方向；$Y$ 轴为垂直方向，向上为正方向。在二维平面上的任意一点都可以由一对坐标值$(x, y)$来定义，如图 2-2 所示。

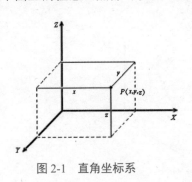

图 2-1　直角坐标系

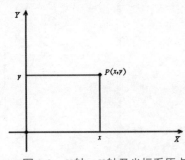

图 2-2　$X$ 轴、$Y$ 轴及坐标系原点

中文版 AutoCAD 2015 实例教程

基于坐标系原点输入的坐标称为绝对坐标。此外，还可以某点为参考点，通过输入相对坐标来确定点。相对坐标与坐标系原点无关，只与参考点有关。

### 二、极坐标

极坐标系由一个极点和一个极轴构成。在二维平面上的任意一点都可以由该点到极点的距离和该点到极点的连线与极轴的极角角度定义，即用一对坐标值（$L<a$）来定义一个点，其中 $L$ 表示连线距离，$a$ 表示极角角度，如图 2-3 所示。

在默认情况下，角度按逆时针方向增大，按顺时针方向减小，如图 2-4 所示。如果要指定顺时针方向的角度，可以为角度输入负值。例如，输入（$L<315$）和（$L<-45$）都代表相同的点。

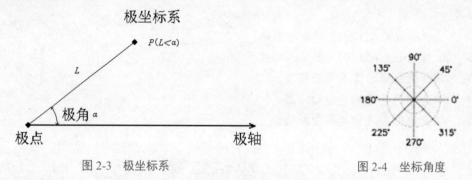

图 2-3  极坐标系          图 2-4  坐标角度

创建对象时，可以使用绝对极坐标或相对极坐标定位点。绝对极坐标的极点为(0,0)，即直角坐标系 $X$ 轴与 $Y$ 轴的交点。相对坐标一般基于上一个输入点。如果要指定相对坐标，需在坐标前面添加一个符号"@"即可。

### 实例 1  直角坐标的应用

下面通过实例对绝对直角坐标和相对直角坐标的应用进行介绍，具体操作方法如下。

**Step 01** 打开素材文件"直角坐标.dwg"，单击"默认"选项卡下"绘图"面板中的"直线"按钮，如图 2-5 所示。

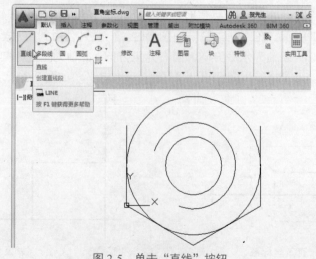

图 2-5  单击"直线"按钮

**Step 02** 在命令行窗口中输入直线第一点的绝对直角坐标，然后按【Enter】键确认。采用同样的方法依次输入其他点的绝对直角坐标，按【Enter】键结束输入，命令提示如下。

命令: _line
指定第一点: 0,9.1
指定下一点或 [放弃(U)]: #7.87,13.63
指定下一点或 [放弃(U)]:#15.74,9.1
指定下一点或 [闭合(C)/放弃(U)]

**Step 03** 查看通过输入绝对直角坐标绘制的六角螺母图形效果，如图 2-6 所示。

**Step 04** 撤销之前的操作，重新执行"直线"命令，通过输入相对直角坐标绘图可以得到相同的图形。命令提示如下。

命令: _line
指定第一点: 0,9.1
指定下一点或 [放弃(U)]: @7.87,4.53
指定下一点或 [放弃(U)]: @7.87,-4.53
指定下一点或 [闭合(C)/放弃(U)]

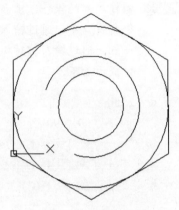

图 2-6　查看图形效果

## 实例 2　极坐标的应用

下面通过实例对绝对极坐标和相对极坐标的应用进行介绍，具体操作方法如下。

**Step 01** 打开素材文件"极坐标.dwg"，单击"默认"选项卡下"绘图"面板中的"直线"按钮，如图 2-7 所示。

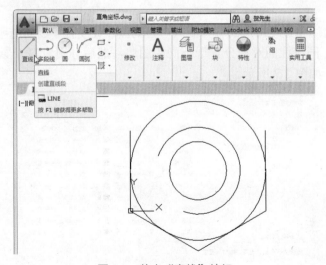

图 2-7　单击"直线"按钮

**Step 02** 在命令行窗口中，通过输入绝对极坐标定位直线的第一点并完成图形的绘制，命令提示如下。

> 命令: _line
> 指定第一点: 9.1<90
> 指定下一点或 [放弃(U)]: 15.75<60
> 指定下一点或 [放弃(U)]: 18.18<30
> 指定下一点或 [闭合(C)/放弃(U)]

**Step 03** 此时，即可查看通过输入绝对极坐标绘制的六角螺母图形效果，如图 2-8 所示。

**Step 04** 撤销之前的操作，重新执行"直线"命令。在命令行窗口中，通过输入绝对极坐标定位直线的第一点。通过输入相对极坐标完成图形的绘制，命令提示如下。

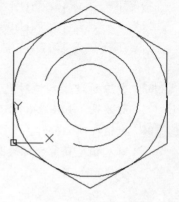

图 2-8　查看效果

> 命令: _line
> 指定第一点: 9.1<90
> 指定下一点或 [放弃(U)]: @9.1<30
> 指定下一点或 [放弃(U)]: @9.1<330
> 指定下一点或 [闭合(C)/放弃(U)]

# 2.2　图层的应用

通过创建不同的图层，用户可以对不同类型的图形对象进行组织管理，如分别控制其显示状态，修改其线型、线宽与颜色等。本任务主要学习图层的相关知识。

基本知识

图层是用户组织和管理图形的有力工具。它就像一叠没有厚度的透明纸，用户可以将复杂图形中具有不同特性的对象分置于不同的图层，然后分别对每一层上的对象进行绘制、修改和编辑，如图 2-9 所示。

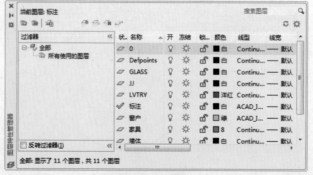

图 2-9　图层

如果需要对图形的某一部分进行修改，选择该部分所属图层即可，这时该图层的修改操作不会影响到其他图层图形，"图层"面板如图 2-10 所示。

每个图层都有各自的特性，它通常是由当前图层的默认设置所决定的，在操作时可以对各图层的特性进行设置，如修改图层名称，打开/关闭图层，锁定/解锁图层，隔离图层，设置图层颜色、线型、线宽等，如图 2-11 所示。

图 2-10　"图层"面板

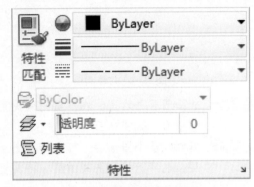

图 2-11　"特性"面板

## 实例 1　图层的创建与删除

当启动 AutoCAD 2015 并新建文件后，程序将自动创建一个名为 0 的图层。该图层将默认使用索引颜色 7、Continuous 线型、默认线宽及透明度为 0。该图层无法被删除或重命名。用户可以手动创建更多的图层，具体操作方法如下。

**Step 01**　新建图形文件，在"默认"选项卡下单击"图层"面板中的"图层特性"按钮，如图 2-12 所示。

**Step 02**　打开图层特性管理器，单击"新建图层"按钮，如图 2-13 所示。

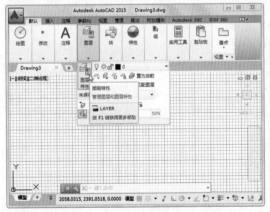

图 2-12　单击"图层特性"按钮

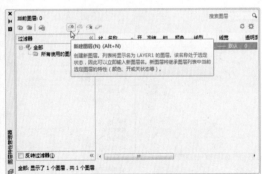

图 2-13　单击"新建图层"按钮

**Step 03**　此时，即可在默认图层的下方创建出一个新的图层，名称呈可编辑状态，如图 2-14 所示。

**Step 04**　输入图层名称，在空白位置单击确认，即可完成图层的创建操作，如图 2-15 所示。

图 2-14　新建图层　　　　　　　　　　　　　图 2-15　更改名称

**Step 05** 选择图层并右击，在弹出的快捷菜单中选择"重命名图层"命令，也可对其进行重命名，如图 2-16 所示。

**Step 06** 当创建多个图层后，可选择某图层，并单击"置为当前"按钮，将其置为当前图层。也可直接双击某图层，将其置为当前图层，如图 2-17 所示。

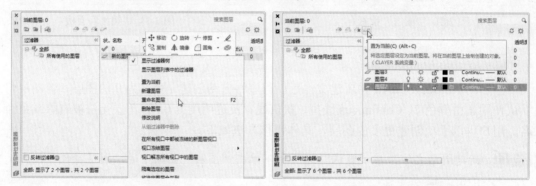

图 2-16　重命名图层　　　　　　　　　　　　图 2-17　置为当前图层

**Step 07** 选择某图层后，单击"删除"按钮，或者右击要删除的图层，在弹出的快捷菜单中选择"删除图层"命令，如图 2-18 所示。

**Step 08** 此时，即可将该图层删除，如图 2-19 所示。

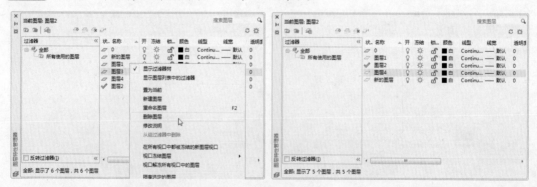

图 2-18　选择"删除图层"命令　　　　　　　图 2-19　查看删除效果

## 实例 2　设置图层参数

用户可以为不同图层中的图形对象设置不同的颜色，从而表示不同的组件、功能和区域，还可设置线型、线宽等，以满足不同需求。设置图层参数的具体操作方法如下。

**Step 01** 打开素材文件"设置图层参数.dwg"，打开图层特性管理器，单击需要修改颜色图层右侧的颜色图标，如图 2-20 所示。

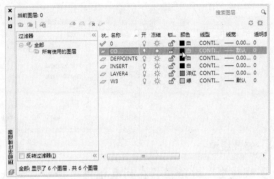

图 2-20　单击颜色图标

**Step 02** 弹出"选择颜色"对话框，选择要修改的颜色，然后单击"确定"按钮，如图 2-21 所示。

**Step 03** 采用同样的方法修改其他图层的颜色，图层特性管理器中的颜色图标与名称将发生变化，如图 2-22 所示。

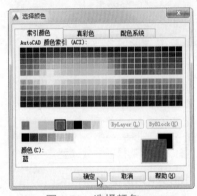

图 2-21　选择颜色

图 2-22　图层特性管理器

**Step 04** 如果修改图层颜色后，某图层中对象的颜色未发生改变，说明其特性被修改所致。打开"特性"面板，修改对象的特性颜色为"ByLayer（随图层）"即可，如图 2-23 所示。

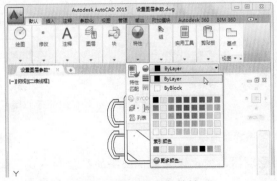

图 2-23　修改对象特性

中文版 AutoCAD 2015 实例教程

Step 05 再次打开图层特性管理器，单击需要修改线型的图层右侧线型对应的图标，如图 2-24 所示。

Step 06 弹出"选择线型"对话框，单击"加载"按钮，如图 2-25 所示。

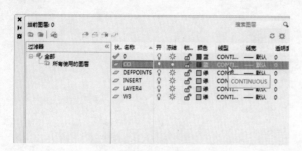

图 2-24 修改线型

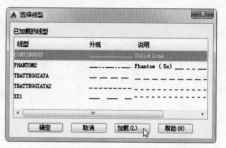

图 2-25 单击"加载"按钮

Step 07 弹出"加载或重载线型"对话框，在列表框中选择所需的线型，然后单击"确定"按钮，如图 2-26 所示。

Step 08 返回"选择线型"对话框，在列表中选择新加载的线型，然后单击"确定"按钮，如图 2-27 所示。

图 2-26 选择线型

图 2-27 选择新加载线型

Step 09 返回图层特性管理器，单击图层右侧线宽对应的图标，如图 2-28 所示。

Step 10 弹出"线宽"对话框，选择合适的线宽，然后单击"确定"按钮，如图 2-29 所示。

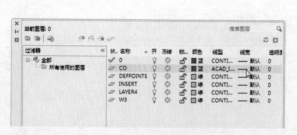

图 2-28 单击线宽图标

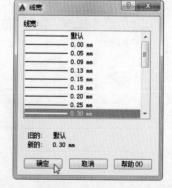

图 2-29 选择线宽

Step 11 返回图层特性管理器，依次设置其他图层的线型和线宽，如图 2-30 所示。

Step 12 关闭图层特性管理器，查看修改后的效果，如图 2-31 所示。

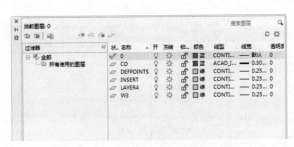

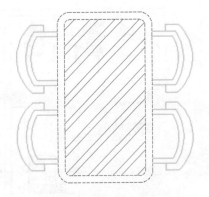

图 2-30　修改其他图层的线型和线宽　　　　图 2-31　查看图形效果

### 实例3　图层的管理

图层的管理主要包括图层的关闭、冻结与解冻，图层的过滤，图层状态管理器的应用，以及图层的匹配与隔离等。

**1．关闭、冻结与锁定图层**

通过图层特性管理器可以对图层进行关闭、冻结与锁定等管理操作。关闭图层后，依然可以将该图层置为当前图层并进行编辑；冻结图层后，图层将被隐藏并变为不可编辑状态；如果希望在不隐藏对象的前提下使图层变为不可编辑状态，可以锁定该图层，具体操作方法如下。

**Step 01**　打开素材文件"图层的管理.dwg"，单击"默认"选项卡下"图层"面板中的"图层特性"按钮，如图 2-32 所示。

**Step 02**　打开图层特性管理器，单击要关闭的图层右侧的灯泡图标，当该图标变为浅蓝色时，说明图层已被关闭，如图 2-33 所示。

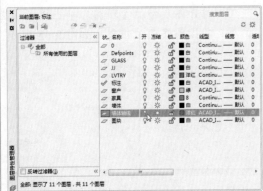

图 2-32　单击"图层特性"按钮　　　　　图 2-33　关闭图层

**Step 03**　返回绘图区，可以看到在"墙体轴线"图层中的对象不再显示，如图 2-34 所示。

**Step 04**　如果所关闭的图层为当前图层，将弹出对话框，需要进行确认关闭操作，如图 2-35 所示。

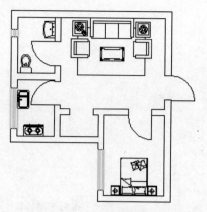

图 2-34　查看关闭图层效果

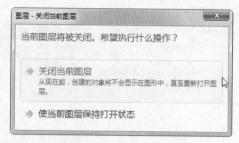

图 2-35　确认关闭操作

**Step 05**　打开图层特性管理器，单击该图层选项中的太阳图标，当其变为雪花图标时，说明该图层已被冻结，即无法被显示和编辑，如图 2-36 所示。

**Step 06**　当无法冻结当前图层时，将弹出出错提示信息框，如图 2-37 所示。

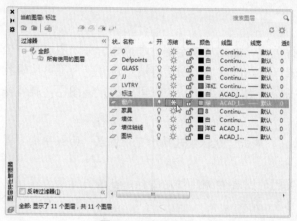

图 2-36　冻结图层

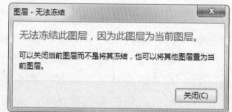

图 2-37　提示信息框

**Step 07**　打开图层特性管理器，单击该图层选项中的小锁图标，当其变为锁定状态时，说明该图层已被锁定，如图 2-38 所示。

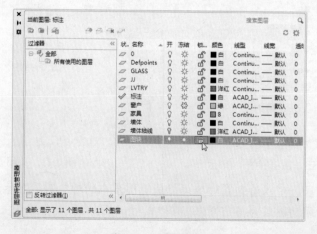

图 2-38　锁定图层

**Step 08** 此时，将光标移动到已锁定的图形上，将出现小锁图标，并无法对该图形进行编辑，如图 2-39 所示。

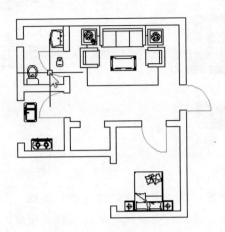

图 2-39 查看锁定图层效果

### 2. 过滤图层

当创建多个图层后，可以通过图层过滤工具对图层进行过滤。图层过滤工具包含"特性过滤器"以及"组过滤器"两种类型，具体操作方法如下。

**Step 01** 打开图层特性管理器，单击"新建特性过滤器"按钮，如图 2-40 所示。

**Step 02** 弹出"图层过滤器特性"对话框，在"过滤器名称"文本框中输入过滤方式的名称，然后单击"颜色"项下方空白区域，在出现□按钮时单击该按钮，如图 2-41 所示。

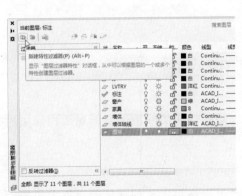

图 2-40 单击"新建特性过滤器"按钮

图 2-41 单击□按钮

**Step 03** 弹出"选择颜色"对话框，选择需要过滤的颜色，然后单击"确定"按钮，如图 2-42 所示。

**Step 04** 此时可以看到图层特性管理器上只显示颜色为洋红色的图层，单击"确定"按钮，即可确认过滤图层，如图 2-43 所示。

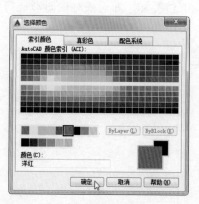

图 2-42　选择过滤颜色

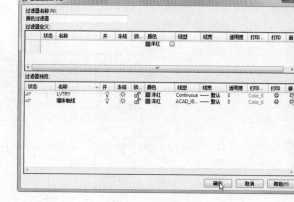

图 2-43　过滤图层

**Step 05** 返回图层特性管理器，单击"新建组过滤器"按钮，如图 2-44 所示。

**Step 06** 此时将新建一个组过滤器，将要保留的图层拖入新建的组过滤器图层中，即可实现按组过滤器过滤图层，如图 2-45 所示。

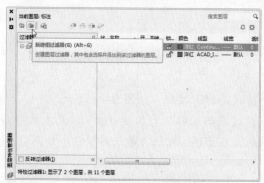

图 2-44　单击"新建组过滤器"按钮

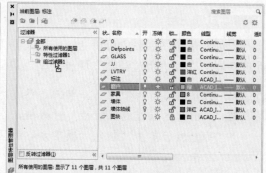

图 2-45　拖动图层

## 2.3　辅助工具的应用

使用辅助工具可以进行图形处理和数据分析，数据结果的精度能够满足工程应用所需，从而降低工作量，提高绘图效率。

### 基本知识

栅格是一种遍布绘图区域的线或点的矩阵，通过栅格可以直观地显示对象之间的距离。配合捕捉工具，可以在指定栅格点之间进行图形绘制。

右击状态栏"捕捉模式"按钮，在弹出的快捷菜单中选择"对象捕捉设置"命令，将弹出"草图设置"对话框，显示"捕捉和栅格"选项卡，如图 2-46 所示。通过该选项卡可以对 X 轴与 Y 轴的捕捉间距、栅格间距等进行自定义设置。例如，设置捕捉间距小于栅格间距，可以在栅格内部进行图形的绘制，如图 2-47 所示。

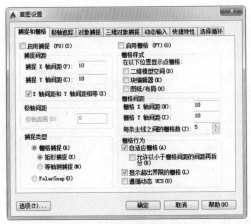

图 2-46 "草图设置"对话框

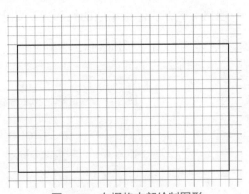

图 2-47 在栅格内部绘制图形

在"栅格样式"选项区中选中"二维模型空间"复选框，如图 2-48 所示，可以将栅格样式改为旧版本 AutoCAD 默认的点栅格样式，效果如图 2-49 所示。

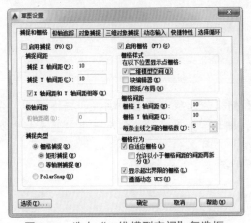

图 2-48 选中"二维模型空间"复选框

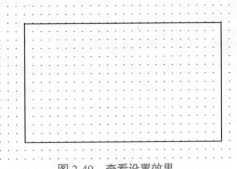

图 2-49 查看设置效果

通过"栅格行为"选项区中的相应选项可以控制栅格，并显示超出界限的栅格等行为。如同时选中"自适应栅格"和"允许以小于栅格间距的间距再拆分"复选框，如图 2-50 所示，在放大图形时将会自动生成更小的栅格线，效果如图 2-51 所示。

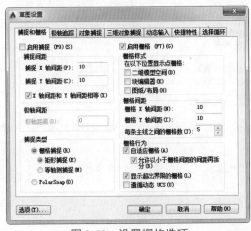

图 2-50 设置栅格选项

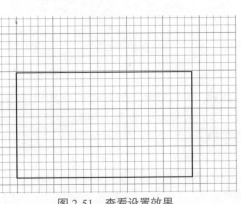

图 2-51 查看设置效果

中文版 AutoCAD 2015 实例教程

实例 1　栅格工具的应用

栅格工具在实际操作中的操作方法如下。

**Step 01** 右击状态栏"捕捉模式"按钮，在弹出的快捷菜单中选择"捕捉设置"命令，如图 2-52 所示。

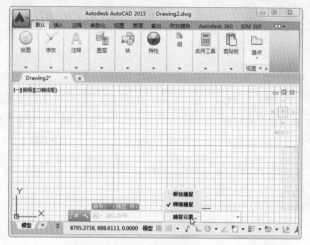

图 2-52　选择"捕捉设置"命令

**Step 02** 弹出"草图设置"对话框，在"捕捉和栅格"选项卡下启用捕捉和栅格工具，分别设置 X 轴和 Y 轴的捕捉间距为 100，栅格间距为 100，然后选中"显示超出界限的栅格"复选框，单击"确定"按钮，如图 2-53 所示。

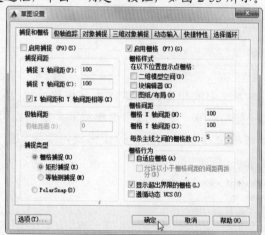

图 2-53　"草图设置"对话框

**Step 03** 执行"矩形"命令，参考栅格间距并配合捕捉间距，绘制长为 2100、宽为 1000 的矩形，如图 2-54 所示。

**Step 04** 再次执行"矩形"命令，通过栅格间距和捕捉间距绘制另外两个矩形，如图 2-55 所示。

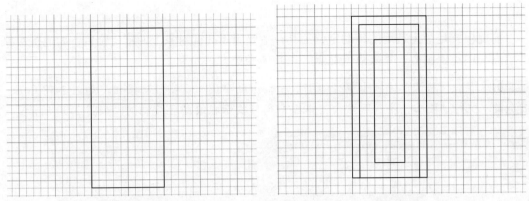

图 2-54 绘制矩形　　　　　　　　　　　　　　图 2-55 绘制另外两个矩形

**Step 05** 执行"直线"命令，在图形中心位置绘制直线，如图 2-56 所示。

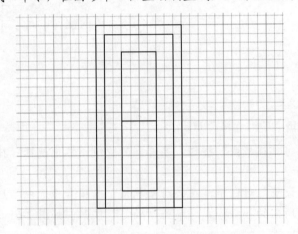

图 2-56 绘制直线

**Step 06** 执行"圆心，半径"命令，即可完成装饰图案的绘制。关闭栅格显示，查看最终
图形效果，如图 2-57 所示。

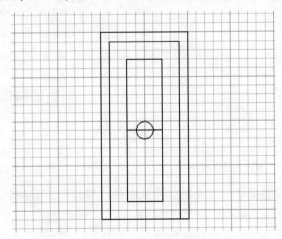

图 2-57 查看图形效果

实例 2　捕捉模式的应用

捕捉模式是最为常用的辅助定位工具，主要用于捕捉对象上的特定位置，如捕捉对象的端点、中点、圆心、象限点或交点等，具体操作方法如下。

**Step 01** 单击"默认"选项卡下"绘图"面板中的"圆心，半径"按钮，如图 2-58 所示。

**Step 02** 执行"圆心，半径"命令，根据命令行提示在绘图区绘制圆，如图 2-59 所示。

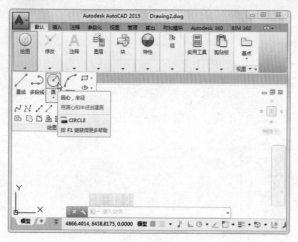

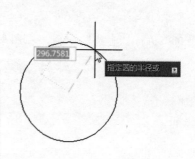

图 2-58　单击"圆心，半径"按钮　　　　　　　　图 2-59　绘制圆

**Step 03** 右击状态栏"捕捉模式"按钮，在弹出的快捷菜单中选择"捕捉设置"命令，如图 2-60 所示。

**Step 04** 弹出"草图设置"对话框，在"对象捕捉"选项卡下选中"启用对象捕捉"复选框，并启用所需的捕捉模式，单击"确定"按钮，如图 2-61 所示。

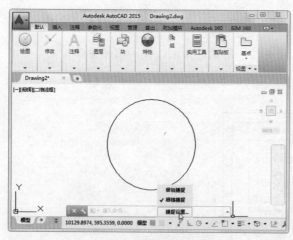

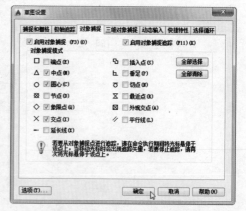

图 2-60　选择"捕捉设置"命令　　　　　　　　图 2-61　启用对象捕捉

**Step 05** 单击"默认"选项卡下"绘图"面板中的"矩形"下拉按钮，在弹出的下拉菜单中选择"多边形"命令，如图 2-62 所示。

**Step 06** 根据命令行提示指定多边形边数为 5，如图 2-63 所示。

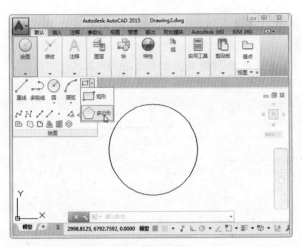

图 2-62　选择"多边形"命令

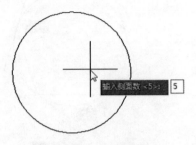

图 2-63　指定多边形边数

Step **07**　移动光标，通过捕捉圆心所在位置指定多边形的中心点，如图 2-64 所示。

Step **08**　在弹出的列表中选择"外切于圆"命令，如图 2-65 所示。

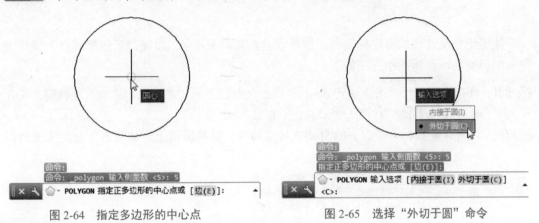

图 2-64　指定多边形的中心点　　　　　　　　图 2-65　选择"外切于圆"命令

Step **09**　通过捕捉圆上的象限点绘制外切于圆的正五边形，如图 2-66 所示。

Step **10**　执行"直线"命令，通过捕捉正多边形和圆的交点指定直线起点，如图 2-67 所示。

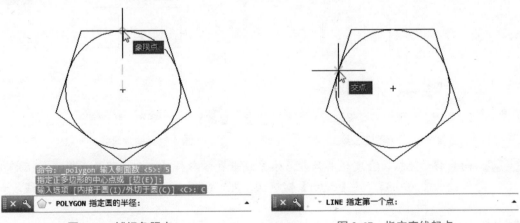

图 2-66　捕捉象限点　　　　　　　　　　　　图 2-67　指定直线起点

Step **11** 依次捕捉正多边形和圆的交点，或者捕捉正多边形边的中点，绘制直线的其他点，如图 2-68 所示。

Step **12** 绘制完成后按【Enter】键确认，查看最终图形效果，如图 2-69 所示。

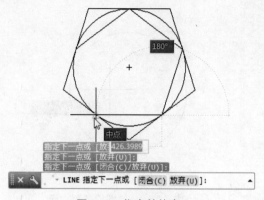

图 2-68 指定其他点

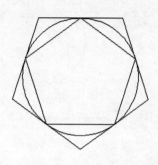

图 2-69 查看图形效果

## 实例 3 正交模式的应用

使用正交模式可以将光标限制在水平或垂直方向上移动，以便精确创建或修改特定类型的图形对象，具体操作方法如下。

Step **01** 打开素材文件"正交模式.dwg"，单击状态栏上的"正交限制光标"按钮，或直接按【F8】键，启用正交工具，如图 2-70 所示。

Step **02** 执行"直线"命令，并启用端点对象捕捉。捕捉图形上方的端点，指定直线的第一点，如图 2-71 所示。

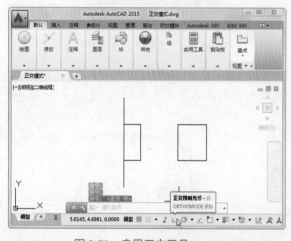

图 2-70 启用正交工具

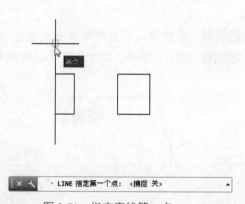

图 2-71 指定直线第一点

Step **03** 向右移动光标，会发现其只能沿水平或垂直方向移动。向右移动光标，并指定直线的长度为 0.35。按【Enter】键确认，即可绘制出一段指定长度的水平直线，如图 2-72 所示。

Step **04** 向下移动光标，并指定直线的长度为 0.4。按【Enter】键确认，绘制一段长为 0.4 的垂线，如图 2-73 所示。

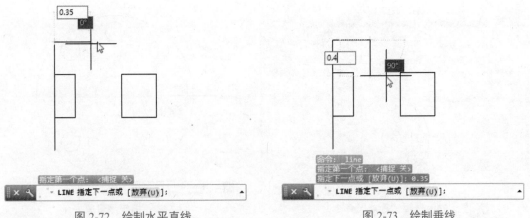

图 2-72 绘制水平直线          图 2-73 绘制垂线

**Step 05** 向右移动光标，绘制捕捉直线与矩形的垂足，绘制直线，按【Enter】键确认即可完成绘制，如图 2-74 所示。

**Step 06** 采用同样的方法，完成另一侧图形的绘制，查看最终图形效果，如图 2-75 所示。

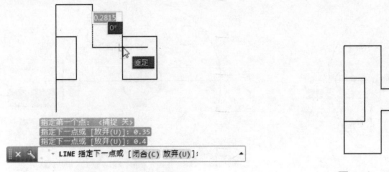

图 2-74 绘制其他直线          图 2-75 查看最终效果

# 2.4 查询工具的应用

通过测量工具可以查询图形中对象的距离、半径、角度、面积和体积等信息；通过点坐标工具可以查询对象指定点的 UCS 坐标值，以便于图形的绘制与编辑。本任务主要学习查询工具的应用。

### 实例 1 查询距离与半径

使用查询工具可以测量任意两点之间的距离及任意圆形或弧形的半径，具体操作方法如下。

**Step 01** 打开素材文件"查询距离与半径.dwg"，打开"实用工具"面板中的测量工具下拉菜单，选择"距离"命令，如图 2-76 所示。

**Step 02** 启用交点对象捕捉，捕捉左侧小圆对象与水平辅助线的左侧交点，作为测量的第一点，如图 2-77 所示。

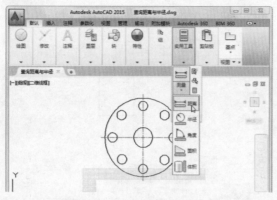

图 2-76  选择"距离"命令

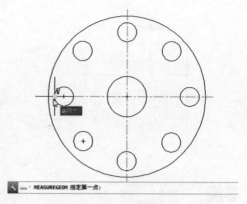

图 2-77  指定测量第一点

**Step 03**  捕捉大圆对象与水平辅助线的右侧交点，作为测量的第二点，如图 2-78 所示。

**Step 04**  在弹出的快捷菜单上方显示测量距离，选择快捷菜单中的"半径"命令，如图 2-79 所示。

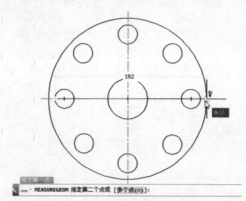

图 2-78  指定测量第二点

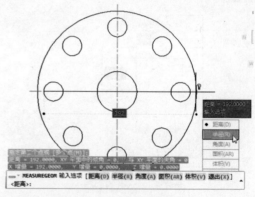

图 2-79  选择"半径"命令

**Step 05**  在图形中选择要测量半径的小圆对象，如图 2-80 所示。

**Step 06**  此时，将在弹出的快捷菜单上方显示所选对象的半径与直径，如图 2-81 所示。

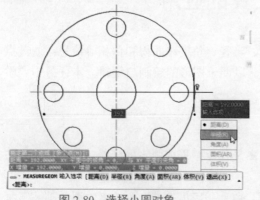

图 2-80  选择小圆对象

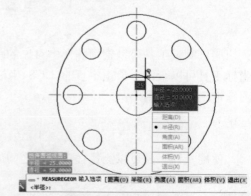

图 2-81  查看半径与直径

### 实例 2  查询面积和角度

下面将通过实例介绍如何查询图形对象的角度与面积，具体操作方法如下。

**Step 01** 打开素材文件"查询面积和角度.dwg"，打开"实用工具"面板中的测量工具下拉菜单，选择"角度"命令，如图2-82所示。

**Step 02** 选择正六边形对象中要查询角度的一条边，如图2-83所示。

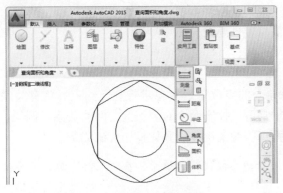

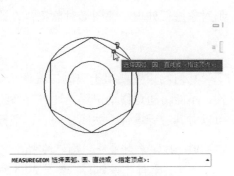

图2-82　选择"角度"命令　　　　　　　　图2-83　选择一条边

**Step 03** 选择与其相邻的另一条边，在弹出的快捷菜单上方即可显示查询角度。选择快捷菜单中的"面积"命令，如图2-84所示。

**Step 04** 通过端点对象捕捉，指定要测量面积的第一个角点，如图2-85所示。

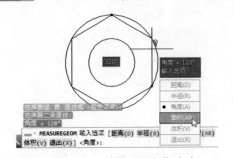

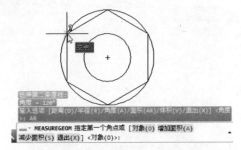

图2-84　选择"面积"命令　　　　　　　　图2-85　指定第一个角点

**Step 05** 指定正六边形的另一个端点，作为测量面积的第二点，如图2-86所示。

**Step 06** 采用同样的方法指定其他端点，绘制出一个闭合测量区域，按【Enter】键确认操作，即可在弹出的快捷菜单上方显示所选区域的面积与周长，如图2-87所示。

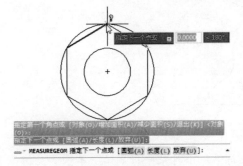

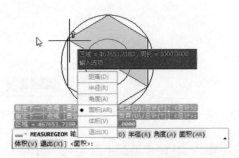

图2-86　指定第二点　　　　　　　　　　图2-87　查看面积与周长

# 2.5　参数化工具的应用

参数化工具包含几何约束工具和标注约束工具两种类型。通过约束工具可以快速对图形对象进行处理，使图形对象符合设计规范与设计要求。

### 实例 1　几何约束的应用

几何约束主要用于限制二维图形或对象上的点位置，对象进行几何约束后具有关联性，不能再随意移动位置。通过几何约束工具可以控制两个对象彼此之间的关系。例如，可以对其进行重合、共线、同心、平行和垂直等约束操作，具体操作方法如下。

**Step 01** 打开素材文件"几何约束.dwg"，选择"参数化"选项卡，在"几何"面板中单击"平行"按钮，如图 2-88 所示。

**Step 02** 选择左侧矩形内的任意一条垂直直线作为第一个对象，如图 2-89 所示。

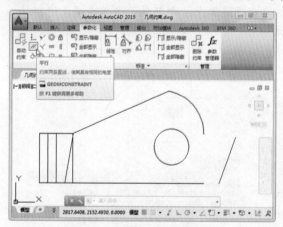

图 2-88　单击"平行"按钮

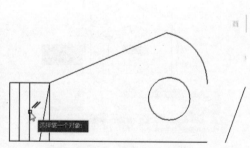

图 2-89　选择第一个对象

**Step 03** 选择矩形内的倾斜直线作为第二个对象，如图 2-90 所示。

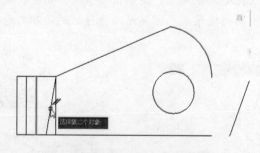

图 2-90　选择第二个对象

**Step 04** 此时即可添加平行约束，将第二个对象与第一个对象平行显示，单击"几何"面板中的"垂直"按钮，如图 2-91 所示。

**Step 05** 选择最下方的水平直线作为第一个对象，如图 2-92 所示。

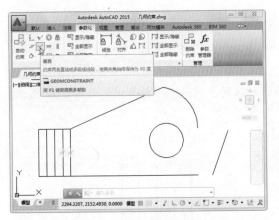

图 2-91 单击"垂直"按钮

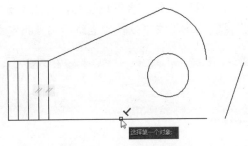

图 2-92 选择第一个对象

**Step 06** 选择最右方的垂直直线作为第二个对象，即可添加垂直约束。单击"几何"面板中的"相切"按钮，如图 2-93 所示。

**Step 07** 分别选择圆弧作为第一个对象，选择最右方的直线作为第二个对象，即可添加相切约束。单击"几何"面板中的"同心"按钮，如图 2-94 所示。

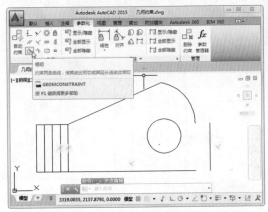

图 2-93 单击"相切"按钮

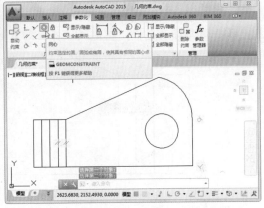

图 2-94 单击"同心"约束

**Step 08** 分别选择圆弧和圆作为两个对象，添加同心约束，如图 2-95 所示。

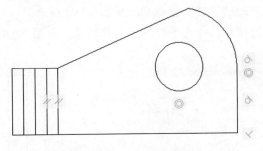

图 2-95 添加同心约束

## 实例 2 标注约束的应用

通过标注约束工具可以控制对象的距离、长度、角度和半径值等参数。下面将通过实

中文版 AutoCAD 2015 实例教程

例对该工具的应用进行介绍，具体操作方法如下。

**Step 01** 打开素材文件"标注约束.dwg"，在"参数化"选项卡下单击"标注"面板中的"线性"按钮，启用线性标注约束，如图 2-96 所示。

**Step 02** 在图形左下方较短直线的端点指定线性标注约束的第一个约束点，如图 2-97 所示。

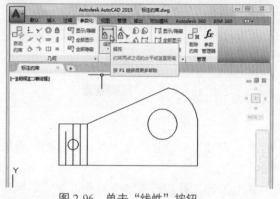

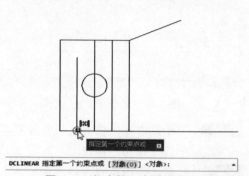

图 2-96　单击"线性"按钮　　　　　　　图 2-97　指定第一个约束点

**Step 03** 向上移动光标，指定直线的另一端点为线性标注约束的第二个约束点，如图 2-98 所示。

**Step 04** 向左移动光标，指定线性标注约束的尺寸线位置，如图 2-99 所示。

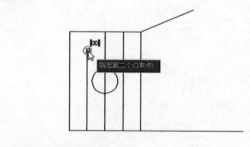

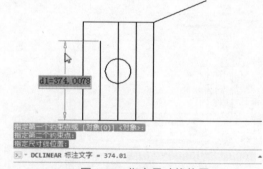

图 2-98　指定第二个约束点　　　　　　图 2-99　指定尺寸线位置

**Step 05** 更改约束值为 464，按【Enter】键确认，即可将所选直线约束为指定长度。单击"标注"面板中的"半径"按钮，如图 2-100 所示。

**Step 06** 选择矩形内的圆对象，作为半径标注约束对象，如图 2-101 所示。

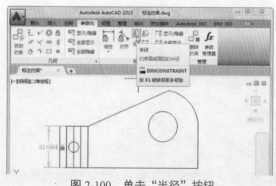

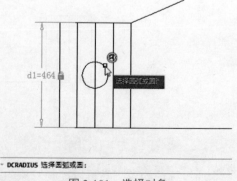

图 2-100　单击"半径"按钮　　　　　　图 2-101　选择对象

**Step 07** 移动光标，指定半径标注约束的尺寸线位置，如图 2-102 所示。

**Step 08** 设置弧度值为 82.6，按【Enter】键确认，即可将所选圆约束为指定大小，效果如图 2-103 所示。

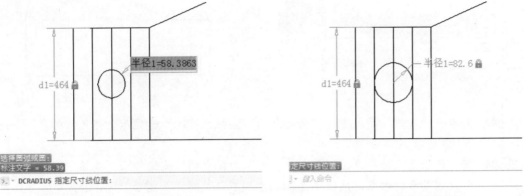

图 2-102　指定尺寸线位置　　　　　　　　图 2-103　查看图形效果

## 实例 3　约束的管理

当创建约束后，可以对其进行管理操作，如显示或隐藏约束，删除约束等，具体操作方法如下。

**Step 01** 打开素材文件"约束管理.dwg"，在"参数化"选项卡下单击"几何"面板中的"显示/隐藏"按钮，如图 2-104 所示。

**Step 02** 选择要亮显几何约束的图形对象，按【Enter】键确认选择，如图 2-105 所示。

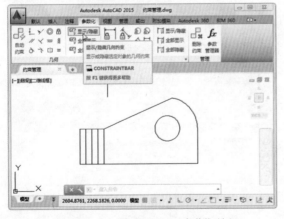

图 2-104　单击"显示/隐藏"按钮

图 2-105　选择对象

**Step 03** 弹出快捷菜单，选择"显示"命令。如果要隐藏约束，则选择"隐藏"命令，如图 2-106 所示。

**Step 04** 此时，即可在所选对象的下方显示该几何约束，如图 2-107 所示。

中文版 AutoCAD 2015 实例教程

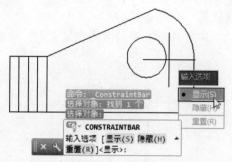

图 2-106　选择"显示"命令

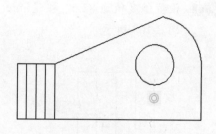

图 2-107　查看图形效果

**Step 05** 若单击"几何"面板中的"全部显示"按钮，可以快速显示全部几何约束，如图 2-108 所示。

**Step 06** 若要删除某几何约束，则单击"管理"面板中的"删除约束"按钮，选择要删除的几何约束的对象，然后按【Enter】键确认选择，如图 2-109 所示。

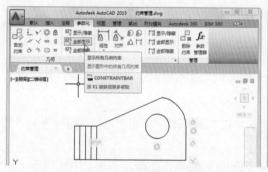

图 2-108　单击"全部显示"按钮

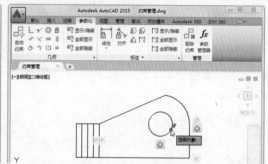

图 2-109　选择对象

**Step 07** 此时，即可删除所选对象上的几何约束，如图 2-110 所示。

**Step 08** 单击"几何"面板右下角的"约束设置，几何"按钮，如图 2-111 所示。

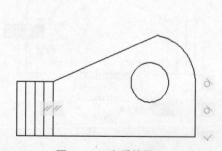

图 2-110　查看效果

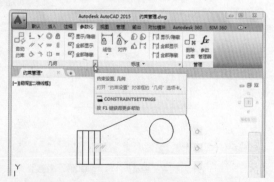

图 2-111　单击"约束设置，几何"按钮

**Step 09** 弹出"约束设置"对话框，在"几何"选项卡中可以设置约束栏的显示内容与透明度，如更改透明度为 90，单击"确定"按钮，如图 2-112 所示。

**Step 10** 此时，即使未选定对象，也将清晰地显示其约束栏，如图 2-113 所示。

图 2-112　"约束设置"对话框

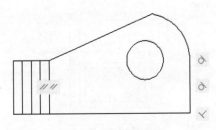

图 2-113　显示约束栏

# 本章小结

本章主要介绍了在进行 AutoCAD 2015 二维绘图时所需的基础知识。通过本章的学习，读者应重点掌握以下知识。

（1）了解 AutoCAD 2015 的坐标系统及各自的功能。

（2）能够熟练地掌握对图层的一些操作方法，如创建图层、删除图层、设置图层参数等。

（3）可以熟练使用栅格工具、捕捉工具、查询工具等一些辅助工具。

# 本章习题

1. 调整 AutoCAD 中的坐标。

操作提示：

若要调整 AutoCAD 中的坐标，可按【F6】键进行切换，或将 COORDS 的系统变量修改为 1 或者 2。当系统变量为 0 时，指用定点设备指定点时更新坐标显示；当系统变量为 1 时，指不断更新坐标显示；当系统变量为 2 时，指不断更新坐标显示，当需要距离和角度时显示到上一点的距离和角度。

2. 查询点坐标。

操作提示：

打开素材文件"绘制平面沙发.dwg"，展开"实用工具"面板，再单击"点坐标"按钮，如图 2-114 所示，然后在绘图区指定需要查询的点，即可显示坐标信息，如图 2-115 所示。

中文版 AutoCAD 2015 实例教程

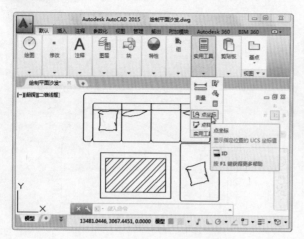

图 2-114　单击"点坐标"按钮

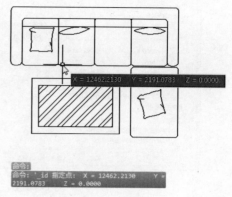

图 2-115　查看坐标

# 第 3 章　二维图形的绘制

**【本章导读】**

二维绘图是 CAD 软件最基本的也是最常用的功能，使用二维绘图命令可以很方便地绘制点、直线、矩形、正多边形、圆类图形、椭圆及椭圆弧等。本章将学习二维绘图命令的使用方法，帮助读者学会简单图形的绘制方法。

**【本章目标】**

➢ 学会绘制点。

➢ 熟练掌握绘制线的方法。

➢ 能够迅速绘制矩形和多边形。

➢ 能够迅速绘制圆和椭圆图形。

# 3.1　点的绘制

点不仅是组成图形的最基本元素，还是用作执行捕捉、偏移对象等操作的节点或参考点。点可以分为多点、定数等分点和定距等分点等多种形式，用户可以通过不同的工具进行特定类型的点的绘制。

## 实例 1　点样式的设置

默认样式下的点很难被看到。在应用点之前，可以自定义点的样式与大小，从而便于确定其位置，具体操作方法如下。

在"默认"选项卡下打开"实用工具"面板，单击"点样式"按钮，如图 3-1 所示。弹出"点样式"对话框，选中所需点的样式，并在"点大小"文本框中输入点的大小，然后单击"确定"按钮，即可完成设置，如图 3-2 所示。

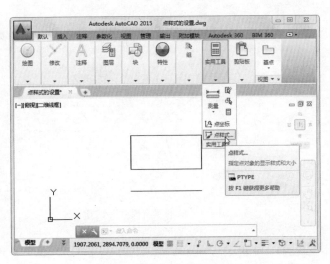

图 3-1　单击"点样式"按钮

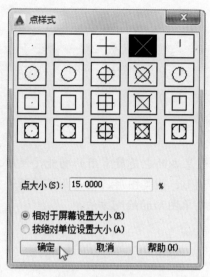

图 3-2　"点样式"对话框

### 实例 2　绘制点

用户可以通过"多点"工具连续绘制多个点对象，具体操作方法如下。

**Step 01**　打开素材文件"绘制点.dwg"，在"常用"选项卡下打开"实用工具"面板，单击"点样式"按钮，如图 3-3 所示。

**Step 02**　弹出"点样式"对话框，选择所需的点样式，并在"点大小"数值框中输入合适的数值，然后单击"确定"按钮，如图 3-4 所示。

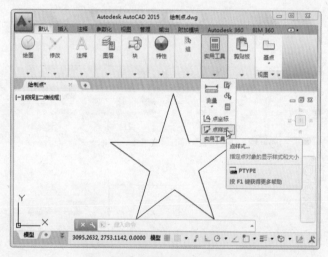

图 3-3　单击"点样式"按钮

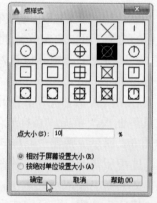

图 3-4　"点样式"对话框

**Step 03**　打开"默认"选项卡下的"绘图"面板，单击"多点"按钮，如图 3-5 所示。

**Step 04**　启用对象捕捉模式，分别捕捉五角星各端点，依次绘制多点，如图 3-6 所示。

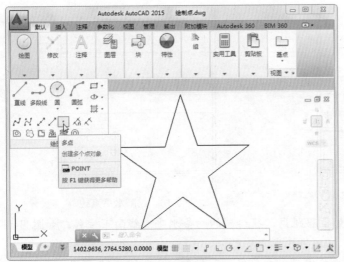

图 3-5 单击"多点"按钮

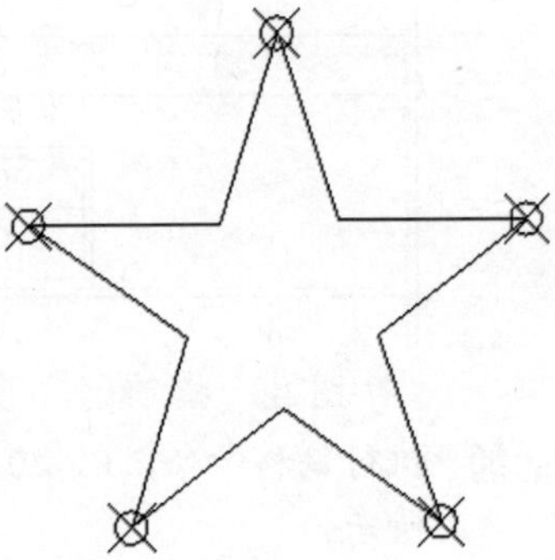

图 3-6 绘制多点

## 实例 3 绘制等分点

等分分为定数等分和定距等分。定数等分就是沿对象的长度或周长按指定间隔排列的点平均分成对象或块，表示每一段距离都是相等的。而定距等分是按照一定的数值进行分段。绘制等分点的具体操作方法如下：

**Step 01** 打开素材文件"绘制等分点.dwg"，打开"点样式"对话框，分别设置点样式和点大小，然后单击"确定"按钮，如图 3-7 所示。

**Step 02** 打开"绘图"面板，单击其中的"定距等分"按钮，如图 3-8 所示。

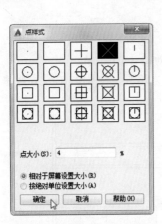

图 3-7 "点样式"对话框

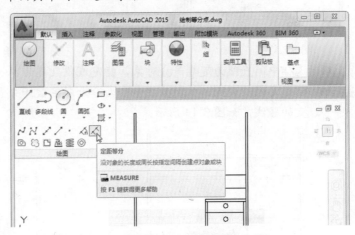

图 3-8 单击"定距等分"按钮

**Step 03** 选择左侧第二条直线为定距等分对象，指定线段长度为 140，按【Enter】键进行确认，如图 3-9 所示。

**Step 04** 此时，即可创建定距等分点。执行直线命令，分别以第一个、第二个定距等分点为端点，绘制与右侧直线垂直的水平直线，如图 3-10 所示。

图 3-9　指定线段长度

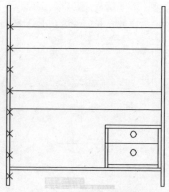

图 3-10　绘制水平直线

**Step 05**　执行偏移命令，以 20 为位移距离，将绘制的两条水平直线向下位移，如图 3-11 所示。

**Step 06**　打开"绘图"面板，单击其中的"定数等分"按钮，如图 3-12 所示。

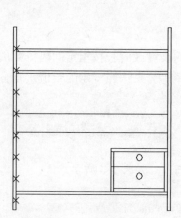

图 3-11　偏移直线

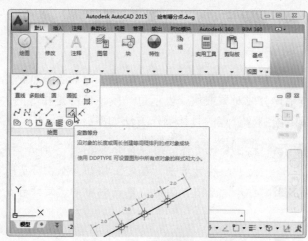

图 3-12　单击"定数等分"按钮

**Step 07**　选择中间直线为定数等分对象，指定线段数目为 3，如图 3-13 所示。

**Step 08**　创建定数等分点，执行直线命令，分别以定数等分点为端点，绘制与下方直线垂直的竖线，如图 3-14 所示。

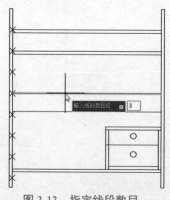

图 3-13　指定线段数目

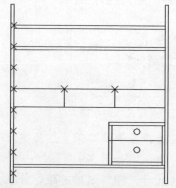

图 3-14　绘制竖线

**Step 09**　执行"圆心，半径"命令，在合适的位置绘制三个相同的小圆，如图 3-15 所示。

**Step 10**　删除等分点，查看最终效果，如图 3-16 所示。

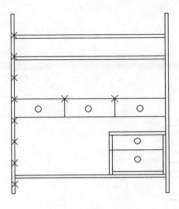 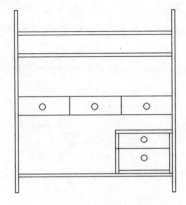

图 3-15　绘制小圆　　　　　　　　　　　　图 3-16　查看最终效果

# 3.2　线的绘制

　　线是构成图形的最基本的对象。在 AutoCAD 2015 中，线可以分为直线、多段线、构造线、射线、样条曲线和多线等类型。

实例 1　绘制直线与多线段

　　直线是最常见的图形元素。用户通过"直线"工具可以创建一系列连续的线段，且每条线段都可以单独进行编辑。如果希望所创建的多个线段为一个整体，可通过"多段线"工具实现。通过"多段线"工具可以创建直线段和圆弧段，且可用于创建有宽度的图形对象（如绘制箭头），具体操作方法如下。

**Step 01**　打开素材文件"绘制直线与多段线.dwg"，单击"绘图"面板中的"直线"按钮，如图 3-17 所示。

**Step 02**　在命令行窗口中，依次输入直线的端点坐标，绘制连续的多条直线段，绘制完毕后按【Enter】键退出绘制状态，命令提示如下。

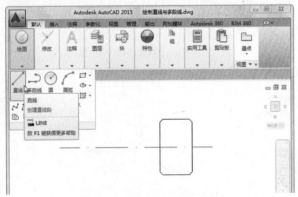

图 3-17　单击"直线"按钮

```
命令:_line
指定第一点: 0,0
指定下一点或 [放弃(U)]: 0,4
指定下一点或 [放弃(U)]: 2,6
指定下一点或 [闭合(C)/放弃(U)]: 33,6
指定下一点或 [闭合(C)/放弃(U)]:
```

Step **03**　单击选中新绘制的直线中的某线段，可以发现其他线段并不会被选中，如图 3-18 所示。

Step **04**　单击"绘图"面板中的"多段线"按钮，执行该命令，如图 3-19 所示。

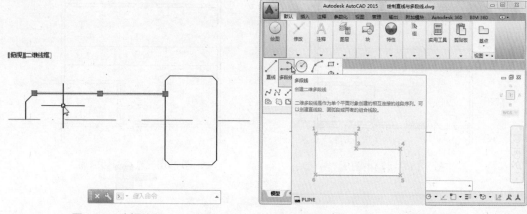

图 3-18　选择线段　　　　　　　　图 3-19　单击"多段线"按钮

Step **05**　在命令行窗口中，通过依次输入坐标绘制连续的多段线，绘制完毕后按【Enter】键退出绘制状态，命令提示如下。

```
命令: _line
指定第一点: 0,0
指定下一点或 [放弃(U)]: 0,-4
指定下一点或 [放弃(U)]: 2,-6
指定下一点或 [闭合(C)/放弃(U)]: 33,-6
指定下一点或 [闭合(C)/放弃(U)]:
```

Step **06**　单击选中新绘制的多段线中的某线段，可以发现其他线段将作为整体中的一部分同样被选中，如图 3-20 所示。

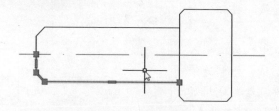

图 3-20　选择多段线

实例 2　绘制射线与构造线

　　射线是三维空间中起始于指定点，并向另一个方向无限延伸的线。构造线是向两个方向无限延伸的直线，没有起点，也没有端点。下面将通过实例介绍如何使用"射线"工具和"构造线"工具绘制射线与构造线，具体操作方法如下。

Step **01** 打开素材文件"绘制射线与构造线.dwg",打开"绘图"面板,单击"构造线"按钮，如图 3-21 所示。

Step **02** 在命令行窗口中输入 H 并按【Enter】键确认,切换到水平构造线输入状态,依次输入通过点的坐标,绘制两条水平构造线,命令提示如下。

```
命令: _xline
指定点或 [水平(H)/垂直(V)/角度(A)/二等分(B)/偏移(O)]: H
指定通过点: 0,118
指定通过点: 0,98
```

Step **03** 再次执行"构造线"命令,在命令行窗口中输入 V 并按【Enter】键确认,切换到垂直构造线输入状态,输入通过点的坐标(783,0),创建一条垂直构造线,如图 3-22 所示。

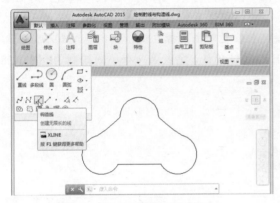

图 3-21　单击"构造线"按钮

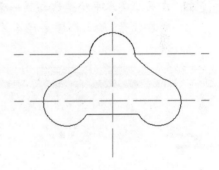

图 3-22　绘制垂直构造线

Step **04** 打开"绘图"面板,单击"射线"按钮，如图 3-23 所示。

Step **05** 打开"草图设置"对话框,在"捕捉设置"选项卡下分别选中"启用对象捕捉"和"交点"复选框,启用交点对象捕捉,单击"确定"按钮,如图 3-24 所示。

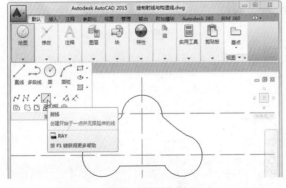

图 3-23　单击"射线"按钮

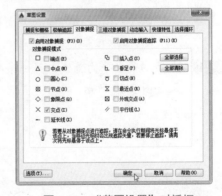

图 3-24　"草图设置"对话框

Step **06** 在第一条水平构造线和垂直构造线交点位置单击鼠标左键,指定射线的起点,在命令行窗口中输入"<45"并按【Enter】键确认,限制射线角度为 45 度,如图 3-25 所示。

**Step 07** 沿射线方向单击指定任意一点，即可完成该条射线的绘制。采用同样的方法，沿
"－45" 度绘制另一条射线，如图 3-26 所示。

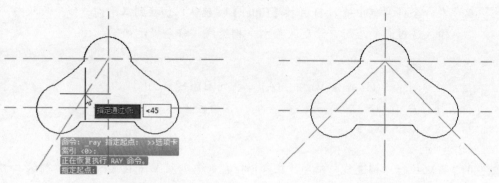

图 3-25　输入射线角度　　　　　　　　　图 3-26　查看图形效果

**Step 08** 单击"绘图"面板中的"圆心，半径"按钮，打开"特性"面板，通过"对象颜
色"与"线型"下拉列表将对象颜色与线型设置为 ByLayer，如图 3-27 所示。

**Step 09** 在第二条水平构造线与第一条射线交点位置单击鼠标左键，指定要绘制小圆圆心
所在位置，输入小圆半径 4 并按【Enter】键确认，完成第一个小圆绘制，如图 3-28
所示。

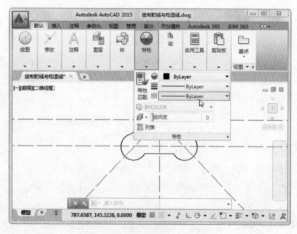

图 3-27　设置特性

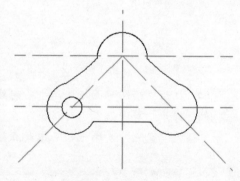

图 3-28　绘制小圆

**Step 10** 在第二条水平构造线与另一条射线的交点位置绘制一个同样大小的小圆即可，效
果如图 3-29 所示。

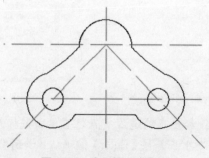

图 3-29　绘制第二个小圆

实例 3　绘制多线

　　多线是一种由两条或多条平行线组成的图形对象，主要用于建筑平面图的墙体绘制。下面将通过实例对多线样式的设置与多线的创建方法进行介绍，具体操作方法如下。

**Step 01**　打开素材文件"绘制多线.dwg"，在命令行窗口中执行 MLST 命令，打开"多线样式"对话框，在其中单击"新建"按钮，如图 3-30 所示。

**Step 02**　弹出"创建新的多线样式"对话框，输入样式名，然后单击"继续"按钮，如图3-31 所示。

图 3-30　单击"新建"按钮　　　　图 3-31　"创建新的多线样式"对话框

**Step 03**　在弹出的对话框中通过单击"添加"按钮添加多线中的平行线数目，然后分别选择"图元"列表框中的单个元素，对其偏移量、颜色、线型等进行设置，设置完毕后单击"确定"按钮，如图 3-32 所示。

**Step 04**　返回"多线样式"对话框，选择新建的样式，单击"置为当前"按钮，将其置为当前样式，然后单击"确定"按钮，如图 3-33 所示。

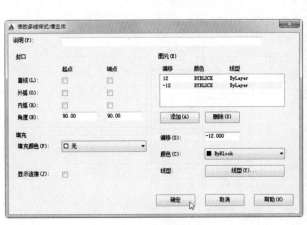

图 3-32　添加平行线　　　　　　　　图 3-33　"多线样式"对话框

**Step 05** 在命令行窗口中执行 ML 命令，然后设置多线的对正方式与比例，命令提示如下。

命令:_MLMLINE
当前设置: 对正 = 上，比例 = 10.00，样式 = STANDARD
指定起点或 [对正(J)/比例(S)/样式(ST)]: J
输入对正类型 [上(T)/无(Z)/下(B)] <上>: Z
当前设置: 对正 = 无，比例 = 10.00，样式 = STANDARD
指定起点或 [对正(J)/比例(S)/样式(ST)]: S
输入多线比例 <10.00>: 10
当前设置: 对正 = 无，比例 = 10.00，样式 = 墙主体

**Step 06** 启用捕捉模式，通过捕捉第一条水平辅助线与第一条垂直辅助线的交点，指定多线的起点，如图 3-34 所示。

**Step 07** 通过捕捉水平辅助线与第二条垂直辅助线的交点，绘制连续的一条多线，如图 3-35 所示。

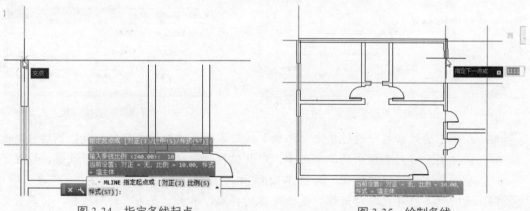

图 3-34　指定多线起点　　　　　　　　　　图 3-35　绘制多线

**Step 08** 向下移动光标，依次通过捕捉水平辅助线与垂直辅助线的交点，以及水平辅助线与图形的交点，完成多线的绘制。删除辅助线，查看最终效果，如图 3-36 所示。

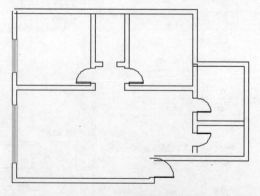

图 3-36　查看最终效果

实例 4　绘制样条曲线

　　样条曲线是通过指定一组拟合点或控制点得到的曲线。下面通过实例介绍如何绘制样条曲线，具体操作方法如下。

**Step 01**　打开素材文件"绘制样条曲线.dwg"，打开"绘图"面板，单击其中的"样条曲线拟合"按钮，如图 3-37 所示。

**Step 02**　启用对象捕捉模式，从上到下依次捕捉图形的端点和节点，通过拟合点绘制样条曲线，如图 3-38 所示。

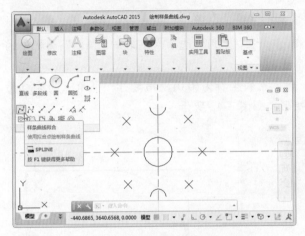

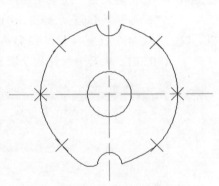

图 3-37　单击"样条曲线拟合"按钮　　　　　　图 3-38　绘制样条曲线

**Step 03**　打开"绘图"面板，单击其中的"样条曲线控制点"按钮，如图 3-39 所示。

**Step 04**　通过捕捉图形中的端点与节点，以指定控制点的方式绘制样条曲线，并比较其不同之处，如图 3-40 所示。

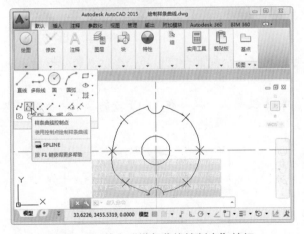

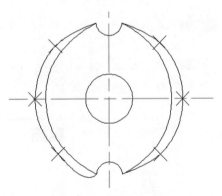

图 3-39　单击"样条曲线控制点"按钮　　　　　　图 3-40　绘制样条曲线

# 3.3  矩形和正多边形的绘制

矩形是对角线相等且互相平分的四边形，它的四个角均为直角。在 AutoCAD 2015 中还可以创建四个角为圆角或倒角的矩形。正多边形是各边相等，各角也相等的多边形。通过"正多边形"命令可以轻松地绘制等边三角形、正方形、正五边形、正六边形等图形。

### 实例 1  绘制坐标矩形

绘制坐标矩形即按坐标位置绘制矩形，具体操作方法如下。

Step 01  打开素材文件"绘制坐标矩形.dwg"，在"常用"选项卡下单击"绘图"面板中的"矩形"按钮，如图 3-41 所示。

Step 02  通过命令行窗口指定矩形第一个角点的坐标为(0,0)，指定另一个角点的坐标为(30,30)，从而绘制外切于圆的矩形，如图 3-42 所示。

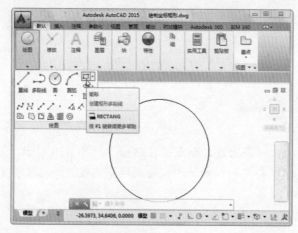
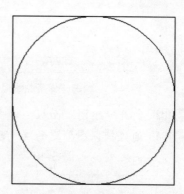

图 3-41  单击"矩形"按钮

图 3-42  绘制外切于圆的矩形

Step 03  再次执行"矩形"命令，启用对象捕捉，捕捉圆和矩形的一个切点为矩形的第一个角点，如图 3-43 所示。

Step 04  根据命令行提示输入 R 并按【Enter】键确认，捕捉右侧和下方的象限点，绘制矩形，如图 3-44 所示。

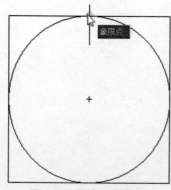
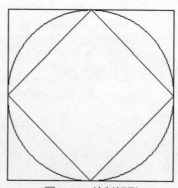

图 3-43  指定一个角点

图 3-44  绘制矩形

实例 2 绘制倒角矩形

在绘制矩形时可指定矩形的基本参数，如长度、宽度、旋转角度，并可控制角的类型，如圆角、倒角或直角等。下面以绘制餐桌为例介绍矩形的绘制方法，具体操作方法如下。

Step 01 打开素材文件"绘制倒角矩形.dwg"，单击"绘图"面板中的"矩形"按钮，如图 3-45 所示。

Step 02 根据命令行提示，输入"0,0"并按【Enter】键确认，再输入"2200,1600"并按【Enter】键确认。

命令: _rectang
指定第一个角点或 [倒角(C)/标高(E)/圆角(F)/厚度(T)/宽度(W)]: 0,0
指定另一个角点或 [面积(A)/尺寸(D)/旋转(R)]: 2200,1600

Step 03 此时，将绘制出一个长 2200、宽 1600 的矩形，如图 3-46 所示。

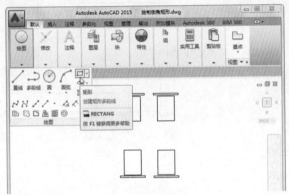

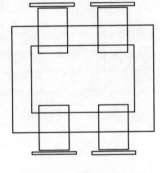

图 3-45 单击"矩形"按钮　　　　　　　　　图 3-46 查看图形效果

Step 04 再次执行"矩形"命令，输入"300,300"并按【Enter】键确认，再输入"1900,1300"并按【Enter】键确认。

命令: _rectang
指定第一个角点或 [倒角(C)/标高(E)/圆角(F)/厚度(T)/宽度(W)]: 300,300
指定另一个角点或 [面积(A)/尺寸(D)/旋转(R)]:#1900,1300

Step 05 这时，将绘制出一个长为 1600、宽为 1000 的矩形图形，如图 3-47 所示。

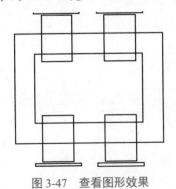

图 3-47 查看图形效果

**Step 06** 若需绘制带圆角的餐桌，可再次执行"矩形"命令，输入 F 并按【Enter】键确认，再指定矩形的圆角半径，如指定半径为 200。

```
命令: _rectang
当前矩形模式:
圆角=0
指定第一个角点或 [倒角(C)/标高(E)/圆角(F)/厚度(T)/宽度(W)]: F
指定矩形的圆角半径 <0>: 200
```

**Step 07** 通过捕捉原有矩形的两个对角点，绘制一个圆角矩形，如图 3-48 所示。

**Step 08** 删除原有矩形，查看最终效果，如图 3-49 所示。

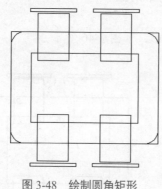

图 3-48　绘制圆角矩形

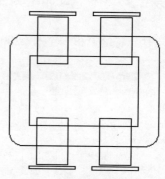

图 3-49　查看最终效果

## 实例 3　绘制正多边形

通过"正多边形"命令可以轻松地绘制等边三角形、正方形、正五边形和六边形等图形。下面以完成六角螺母的绘制为例介绍正多边形的绘制方法，具体操作方法如下。

**Step 01** 打开素材文件"绘制正多边形.dwg"，单击"绘图"面板中的"矩形"下拉按钮，在弹出的下拉列表中选择"多边形"命令，如图 3-50 所示。

**Step 02** 输入正多边形的边数，如输入 6，并按【Enter】键确认，如图 3-51 所示。

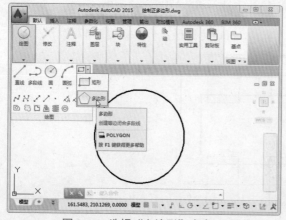

图 3-50　选择"多边形"命令

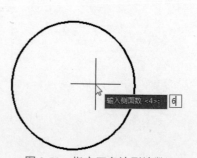

图 3-51　指定正多边形边数

Step **03** 通过对象捕捉模式指定圆的圆心为正多边形的中心点，如图 3-52 所示。

Step **04** 在弹出的快捷菜单中选择"外切于圆"命令，如图 3-53 所示。

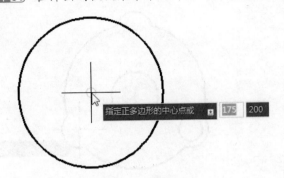

图 3-52 指定圆心

图 3-53 选择"外切于圆"命令

Step **05** 移动光标，通过捕获圆的象限点指定半径，如图 3-54 所示。

Step **06** 这时，即可绘制出一个外切于圆的正六边形，如图 3-55 所示。

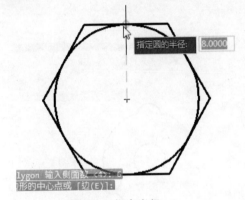

图 3-54 指定半径

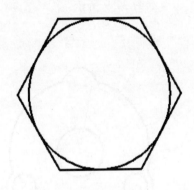

图 3-55 查看图形效果

# 3.4 圆类图形的绘制

在 AutoCAD 2015 中，曲线型对象主要包括圆弧、圆和圆环。

**实例 1 绘制圆**

用户可以使用多种方法创建圆，默认方法是通过指定圆心和半径来创建圆。下面将通过实例对创建圆的不同方法分别进行介绍，具体操作方法如下。

Step **01** 打开素材文件"绘制圆.dwg"，单击"绘图"面板中的"圆"下拉按钮，在弹出的下拉列表中选择"圆心，半径"命令，如图 3-56 所示。

Step **02** 通过对象捕捉模式指定圆的圆心，如图 3-57 所示。

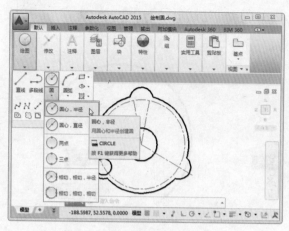

图 3-56  选择"圆心,半径"命令

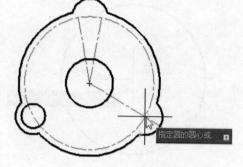

图 3-57  指定圆心

**Step 03** 输入 10 并按【Enter】键确认,绘制一个半径为 10 的圆,如图 3-58 所示。

**Step 04** 单击"绘图"面板中的"圆"下拉按钮,在弹出的下拉列表中选择"两点"命令,如图 3-59 所示。

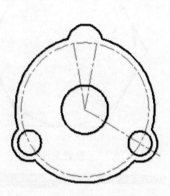

图 3-58  绘制圆

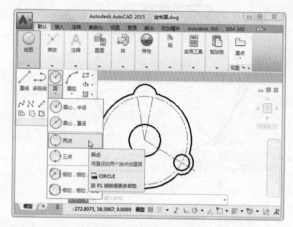

图 3-59  选择"两点"命令

**Step 05** 通过对象捕捉模式分别指定大圆辅助线与两条直线的交点为圆的两个端点,如图 3-60 所示。

**Step 06** 这时,将绘制出直径端点为大圆与两条直线交点的圆,如图 3-61 所示。

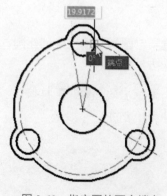

图 3-60  指定圆的两个端点

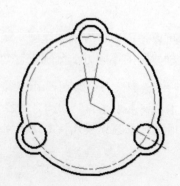

图 3-61  绘制圆

**Step 07** 单击"绘图"面板中的"圆"下拉按钮，在弹出的下拉列表中选择"相切，相切，半径"命令，如图 3-62 所示。

**Step 08** 在中间的圆上指定第一个切点，如图 3-63 所示。

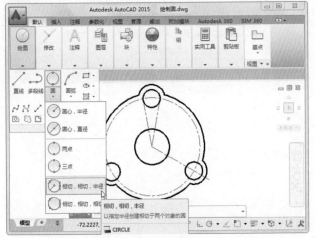

图 3-62 选择"相切，相切，半径"命令

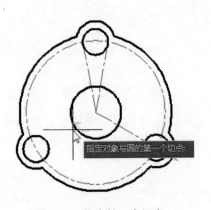

图 3-63 指定第一个切点

**Step 09** 在其右侧的小圆上指定第二个切点，如图 3-64 所示。

**Step 10** 输入 13 并按【Enter】键确认，即可绘制出与两圆相切的圆，如图 3-65 所示。

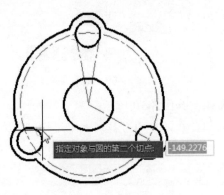

图 3-64 指定第二个切点

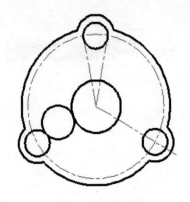

图 3-65 绘制圆

## 实例 2 绘制圆弧

用户可以使用多种方法创建圆弧。例如，可以通过指定起点、圆心、端点绘制圆弧，也可以通过指定起点、圆心、角度绘制圆弧，还可以通过指定起点、端点、半径绘制圆弧等。

下面以完成槽轮的绘制为例，介绍圆弧的不同绘制方法，具体操作方法如下。

**Step 01** 打开素材文件"绘制圆弧.dwg"，单击"绘图"面板中的"圆弧"下拉按钮，在弹出的下拉列表中选择"三点"命令，如图 3-66 所示。

**Step 02** 通过对象捕捉模式指定图形的端点为圆弧起点，如图 3-67 所示。

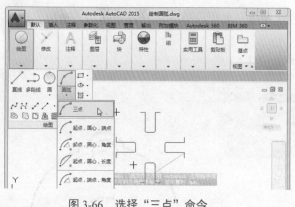

图 3-66　选择"三点"命令

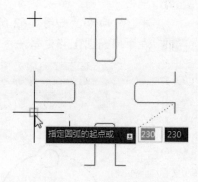

图 3-67　指定圆弧起点

**Step 03** 通过对象捕捉模式指定绘图区中的参照点为圆弧的第二个点，如图 3-68 所示。

**Step 04** 通过对象捕捉模式指定圆弧的端点，如图 3-69 所示。

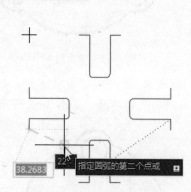

图 3-68　指定第二个点

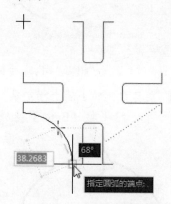

图 3-69　指定圆弧的端点

**Step 05** 这时，即可通过指定三点绘制出一段圆弧，如图 3-70 所示。

**Step 06** 单击"绘图"面板中的"圆弧"下拉按钮，在弹出的下拉列表中选择"起点，圆心，端点"命令，如图 3-71 所示。

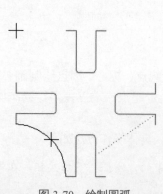

图 3-70　绘制圆弧

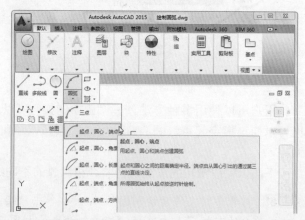

图 3-71　选择"起点，圆心，端点"命令

**Step 07** 通过对象捕捉模式指定图形的端点为圆弧起点，如图 3-72 所示。

**Step 08** 通过对象捕捉模式指定绘图区中的另一个参照点为圆弧的圆心，如图 3-73 所示。

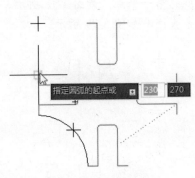

图 3-72 指定圆弧起点

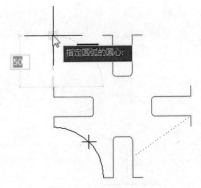

图 3-73 指定圆弧圆心

**Step 09** 通过对象捕捉模式指定圆弧的端点，即可通过"起点，圆心，端点"命令绘制出一段圆弧，如图 3-74 所示。

**Step 10** 单击"绘图"面板中的"圆弧"下拉按钮，在弹出的下拉列表中选择"起点，端点，角度"命令，如图 3-75 所示。

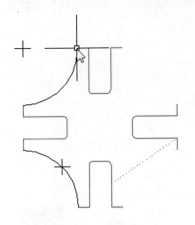

图 3-74 绘制圆弧

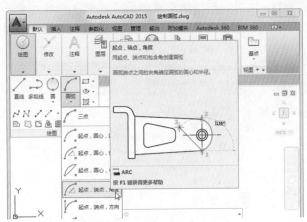

图 3-75 选择"起点，端点，角度"命令

**Step 11** 通过对象捕捉模式，来分别指定图形的两个端点为圆弧的起点和端点，如图 3-76 所示。

**Step 12** 输入 90 并按【Enter】键确认，指定圆弧的包含角度为 90 度，即可通过"起点，端点，角度"命令绘制出一段圆弧，如图 3-77 所示。

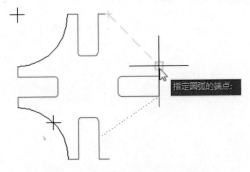

图 3-76 指定圆弧的起点和端点

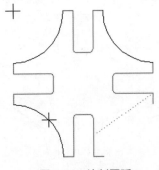

图 3-77 绘制圆弧

**Step 13** 执行"直线"命令，指定辅助线的端点为直线的第一个点，如图 3-78 所示。

**Step 14** 指定辅助线的中点为直线的下一点，绘制一条直线，如图 3-79 所示。

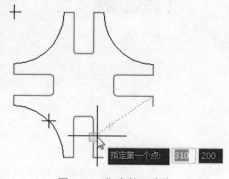

图 3-78 指定第一个点

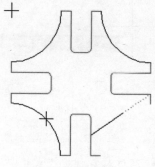

图 3-79 绘制直线

**Step 15** 单击"绘图"面板中的"圆弧"下拉按钮，在弹出的下拉列表中选择"连续"命令，如图 3-80 所示。

**Step 16** 这时，即可从新绘制的直线端点处延伸出一条弧线，该弧线与直线相切。在指定位置单击鼠标左键，指定圆弧的端点，如图 3-81 所示。

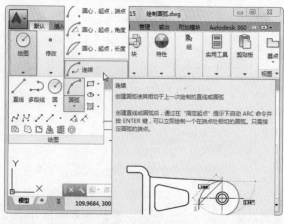

图 3-80 选择"连续"命令

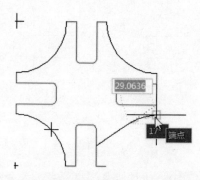

图 3-81 指定圆弧的端点

**Step 17** 采用同样的方法沿辅助线绘制另一条直线，通过"连续"命令绘制出另一段圆弧，如图 3-82 所示。

**Step 18** 删除绘图区中的辅助线和参照点，查看最终效果，如图 3-83 所示。

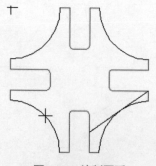

图 3-82 绘制圆弧

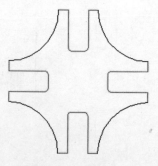

图 3-83 查看最终效果

实例3 · 绘制圆环

圆环由相同圆心、不相等直径的两个圆组成，绘制圆环主要用到其圆心、内直径、外直径等参数。如果要创建实心圆，可以通过将圆环的内直径设置为0来实现。

下面将通过实例详细介绍圆环的绘制方法，具体操作方法如下。

**Step 01** 打开素材文件"绘制圆环.dwg"，单击"绘图"面板中的"圆环"按钮◎，如图3-84所示。

**Step 02** 依次在图形两侧单击指定两点，从而指定圆环的内半径，如图3-85所示。

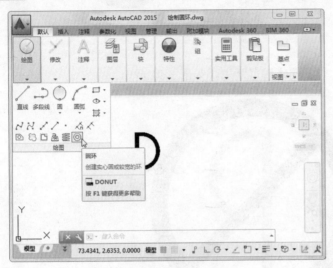

图3-84 单击"圆环"按钮　　　　　　　　　图3-85 指定内半径

**Step 03** 再次依次在图形两侧单击指定两点，从而指定圆环的外半径，如图3-86所示。

**Step 04** 通过指定圆环的中心点，在原有图形的外侧绘制出一个圆环，如图3-87所示。

**Step 05** 执行"直线"命令，在圆环的适当位置绘制一条直线，如图3-88所示。

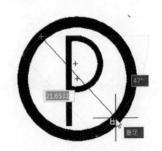

图3-86 指定外半径　　　　　图3-87 绘制圆环　　　　　图3-88 绘制直线

**Step 06** 通过"特性"面板中的"线宽"下拉菜单，修改新绘制直线的线宽，如图3-89所示。

**Step 07** 单击原有图形，打开"图案填充编辑器"选项卡，通过拖动"特性"面板中的"图案填充透明度"调节滑块，调整原有图形的填充透明度，如图3-90所示。

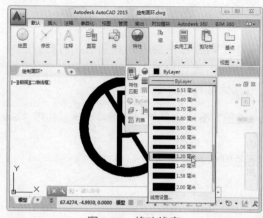 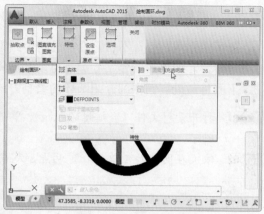

图 3-89　修改线宽　　　　　　　　　　　图 3-90　调整填充透明度

**Step 08** 退出图案填充编辑器，查看最终图形效果，如图 3-91 所示。

图 3-91　查看图形效果

# 3.5　椭圆和椭圆弧的绘制

椭圆是圆锥曲线的一种，由定义其长度和宽度的两条轴决定。椭圆弧是椭圆对象上的一部分。

实例 1　绘制椭圆

下面将通过实例介绍如何绘制椭圆与椭圆弧，具体操作方法如下。

**Step 01** 打开素材文件"绘制椭圆.dwg"，单击"绘图"面板中的"圆心"下拉按钮⊙▾，在弹出的下拉列表中选择"圆心"命令，如图 3-92 所示。

**Step 02** 通过捕捉模式指定中间的参照点为椭圆的中心点，如图 3-93 所示。

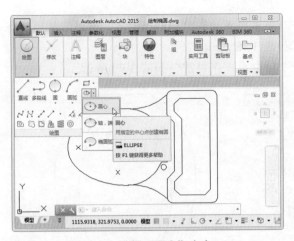

图 3-92 选择"圆心"命令

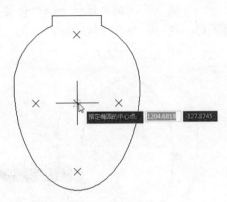

图 3-93 指定中心点

**Step 03** 通过捕捉模式指定椭圆短轴的端点，如图 3-94 所示。

**Step 04** 通过捕捉模式指定椭圆长轴的端点，即指定其半轴长度，如图 3-95 所示。

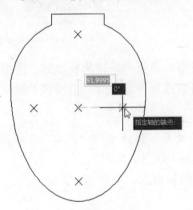

图 3-94 指定短轴端点

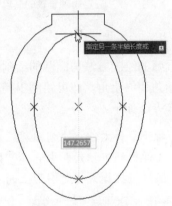

图 3-95 指定半轴长度

**Step 05** 这时，即可通过"圆心"命令绘制出一个椭圆，如图 3-96 所示。

**Step 06** 删除刚绘制的椭圆，单击"绘图"面板中的"圆心"下拉按钮，在弹出的下拉列表中选择"轴，端点"命令，如图 3-97 所示。

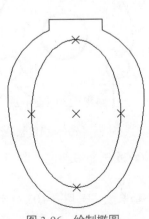

图 3-96 绘制椭圆

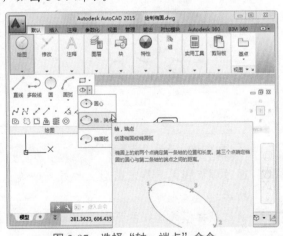

图 3-97 选择"轴，端点"命令

Step **07** 通过对象捕捉追踪模式指定上下两个参照点为长轴的两个端点，指定短轴的一个
端点，即指定短轴半轴的长度，如图 3-98 所示。

Step **08** 这时，即可通过"轴，端点"命令绘制出一个椭圆，如图 3-99 所示。

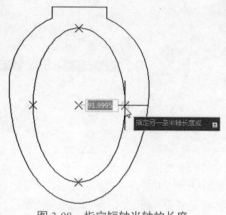

图 3-98　指定短轴半轴的长度

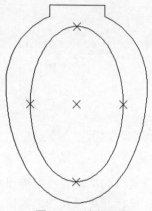

图 3-99　绘制椭圆

### 实例 2　绘制椭圆弧

椭圆弧的绘制方法与椭圆的绘制方法相似，在指定椭圆两条轴的长度后，再指定椭圆弧的起始角和终止角，即可绘制出椭圆弧。下面将通过实例详细介绍椭圆弧的绘制方法，具体操作方法如下。

Step **01** 打开素材文件"绘制椭圆弧.dwg"，单击"绘图"面板中的"圆心"下拉按钮⊙·，在弹出的下拉列表中选择"椭圆弧"命令，如图 3-100 所示。

Step **02** 通过捕捉模式指定图形上的端点为椭圆弧的轴端点，如图 3-101 所示。

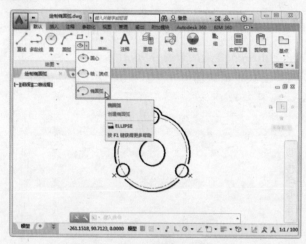

图 3-100　选择"椭圆弧"命令

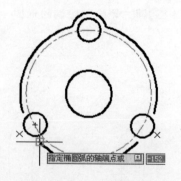

图 3-101　指定轴端点

Step **03** 通过捕捉模式，指定图形上的另一个端点为椭圆弧轴的另一个端点，如图 3-102
所示。

Step **04** 通过捕捉模式捕捉参照点，从而指定椭圆弧另一条半轴长度，如图 3-103 所示。

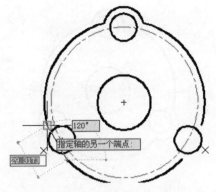

图 3-102　指定另一个端点

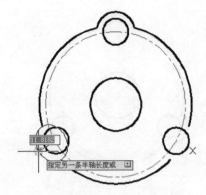

图 3-103　指定半轴长度

**Step 05**　通过捕捉模式捕捉图形的端点，指定椭圆弧的起始角度，如图 3-104 所示。

**Step 06**　通过捕捉模式捕捉图形的另一个端点，指定椭圆弧的终止角度，如图 3-105 所示。

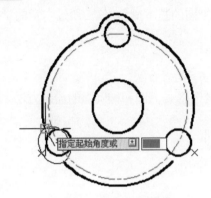

图 3-104　指定起始角度

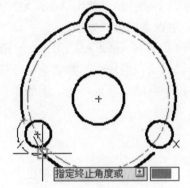

图 3-105　指定终止角度

**Step 07**　这时，即可通过"椭圆弧"命令绘制出一段椭圆弧，如图 3-106 所示。

**Step 08**　再次执行"椭圆弧"命令，输入 C 并按【Enter】键确认，如图 3-107 所示。

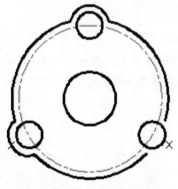

图 3-106　绘制椭圆弧

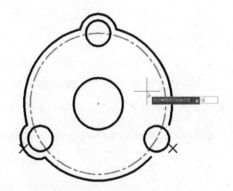

图 3-107　执行"椭圆弧"命令

**Step 09**　移动光标，通过捕捉模式，指定右侧小圆的圆心为椭圆弧的中心点，如图 3-108 所示。

**Step 10**　分别指定椭圆弧两条轴的端点，分别指定椭圆弧的起始角度和终止角度，即可通过不同的方式绘制出另一段椭圆弧，如图 3-109 所示。

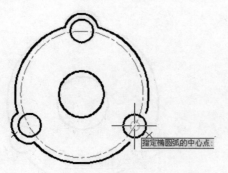

图 3-108    指定中心点

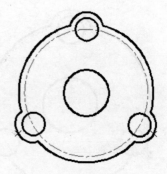

图 3-109    绘制椭圆弧

# 本章小结

本章主要介绍了使用 AutoCAD 2015 进行二维绘图的基本操作方法。通过本章的学习，读者应重点掌握以下知识。

（1）了解 AutoCAD 2015 二维绘图的基本流程。

（2）认识点样式，并学会对点样式进行设置。

（3）熟练掌握点、线、矩形和正多边形、圆类图形、椭圆和椭圆弧的绘制方法。

# 本章习题

1. 利用"圆环"命令绘制出实心填充圆。

操作提示：

在执行"圆环"命令时，将圆环的内径设置为 0，圆环外径设置的数值大于 0，此时绘制出的圆环则为实心填充圆。

2. 在素材文件中绘制矩形，并将后面的图形图案遮挡。

操作提示：

（1）打开素材文件，单击"绘图"面板中的"区域覆盖"按钮，如图 3-110 所示。

（2）启用捕捉模式，捕捉矩形任意角点为区域覆盖的第一点，依次捕捉其他角点绘制区域覆盖。捕捉完成后按【Enter】键确认，即可覆盖矩形后面的填充图案，如图 3-111 所示。

图 3-110    单击"区域覆盖"按钮

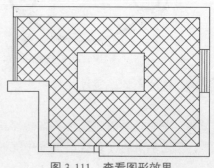

图 3-111    查看图形效果

# 第 4 章　二维图形的编辑

【本章导读】

在 AutoCAD 2015 中，简单地绘制出二维图形可能不能完全满足用户需求，有些特殊的地方需要进行修改或者美化。本章将学习如何对二维图形进行编辑，以达到绘图的最终目标。

【本章目标】

> 学会运用多种方式选择对象。
> 学会使用多种方法创建图形副本。
> 能够任意改变图形位置。
> 掌握改变图形特性的方法。
> 掌握对图案进行填充的方法。

# 4.1　选择对象

如果要对图形对象进行编辑，首先要掌握图形对象的选择方法。在 AutoCAD 2015 中，可以通过多种方式选择对象，用户应根据实际工作需要使用合适的选择方式。

## 实例 1　单击选择对象

单击选择图形对象是最简单的、同时也是最常用的一种选择方式。移动十字光标到绘图区中要选择的图形对象上，然后单击鼠标左键，即可选择该图形对象，如图 4-1 所示。依次单击其他对象，还可以加选其他多个对象，如图 4-2 所示。

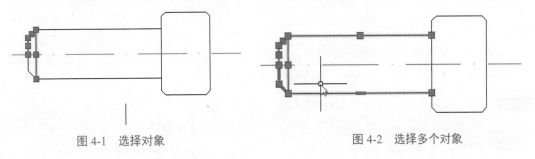

图 4-1　选择对象　　　　　　　　　图 4-2　选择多个对象

## 实例 2　矩形选择对象

先在绘图区中单击指定一点，然后移动光标，绘制一个矩形区域，并再次单击鼠标左键，可以同时快速选择多个对象。根据绘制矩形区域时光标移动方向的不同，可以将矩形选择分为窗口选择和窗交选择两种类型。

### 1. 窗口选择

使用窗口选择方式选择图形对象，所有部分均位于矩形窗口内的对象会被选中，只有部分位于矩形窗口内的对象不会被选中，如图 4-3 所示。在绘图区中单击指定一点，然后向右上方或右下方移动光标，绘制一个矩形区域，即可进行窗口选择，如图 4-4 所示。使用窗口选择方式时，所绘制的矩形区域为蓝色，选择框为实线。

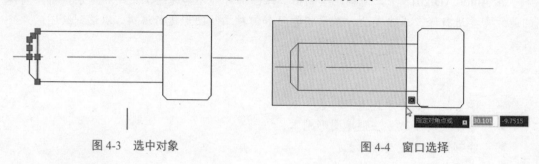

图 4-3 选中对象          图 4-4 窗口选择

### 2. 窗交选择

使用窗交选择方式选择图形对象，所有部分均位于矩形窗口内的对象和只有部分位于矩形窗口内的对象都会被选中，如图 4-5 所示。在绘图区中单击指定一点，然后向左上方或左下方移动光标，绘制一个矩形区域，即可进行窗交选择。使用窗交选择方式时，所绘制的矩形区域为绿色，选择框为虚线，如图 4-6 所示。

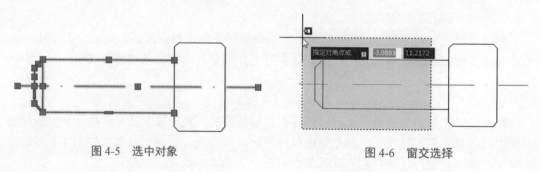

图 4-5 选中对象          图 4-6 窗交选择

### 实例 3　快速选择图形对象

通过"快速选择"工具可以按照对象类型和对象特性选择对象的集合。下面将通过实例介绍"快速选择"工具的应用，具体操作方法如下。

**Step 01** 打开素材文件"快速选择图形.dwg"，打开"实用工具"面板，单击"快速选择"按钮，如图 4-7 所示。

**Step 02** 弹出"快速选择"对话框，打开"对象类型"下拉列表，选择"圆"选项，然后单击"确定"按钮，如图 4-8 所示。

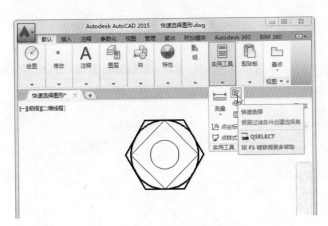

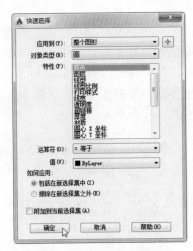

图 4-7 单击"快速选择"按钮　　　　　　图 4-8 "快速选择"对话框

**Step 03** 此时，即可快速选中图形中的全部圆对象，如图 4-9 所示。

**Step 04** 再次打开"快速选择"对话框，将"对象类型"设置为"所有图元"，在"特性"列表中选择"线宽"选项，然后在"值"下拉列表中选择线宽值为 0.30 mm，设置完毕后单击"确定"按钮，如图 4-10 所示。

**Step 05** 此时，将在图形中快速选中指定线宽的全部对象，如图 4-11 所示。

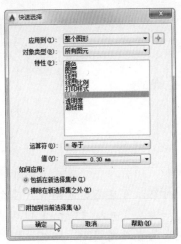

图 4-9 选中对象　　　　　　图 4-10 "快速选择"对话框　　　　　　图 4-11 选中对象

# 4.2 创建图形副本

在使用 AutoCAD 2015 绘制图形时，经常需要创建一个或多个对象副本。用户可以通过"复制""偏移""镜像""阵列"等工具快速地进行创建。

实例 1 复制

通过"复制"工具可以在特定方向上复制一个或多个图形对象。下面将通过实例对其

中文版 AutoCAD 2015 实例教程

进行介绍，具体操作方法如下。

**Step 01** 打开素材文件"复制.dwg"，在"默认"选项卡下单击"修改"面板中的"复制"按钮，如图 4-12 所示。

**Step 02** 用窗交选择方式选择左上方座椅，作为要复制的对象，按【Enter】键确认选择，如图 4-13 所示。

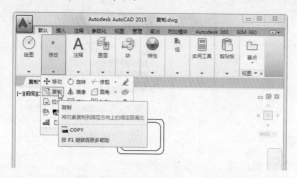

图 4-12  单击"复制"按钮

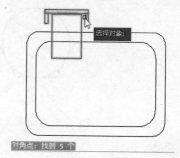

图 4-13  选择对象

**Step 03** 移动光标到图形的适当位置，单击指定复制基点，如图 4-14 所示。

**Step 04** 移动光标到适当位置，单击指定第二个点，即可在该位置创建源对象的副本，如图 4-15 所示。

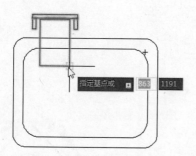

图 4-14  指定复制基点

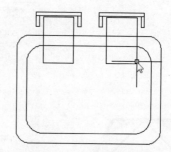

图 4-15  创建副本

**Step 05** 如果希望同时复制多个对象，可在指定复制基点后输入 A 并按【Enter】键确认，输入要阵列的项目数，如输入 3 并按【Enter】键确认，如图 4-16 所示。

**Step 06** 通过指定第二点的位置来设置阵列间距，即可按指定距离同时复制出多个对象，如图 4-17 所示。

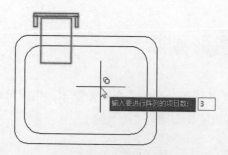

图 4-16  输入项目数

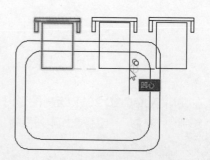

图 4-17  复制多个对象

**实例 2　偏移**

通过"偏移"工具可以按指定点或距离创建选取对象的偏移对象副本，且对象副本与原对象保持平行。下面将通过实例对该工具的应用进行介绍，具体操作方法如下。

**Step 01**　打开素材文件，在"默认"选项卡下单击"修改"面板中的"偏移"按钮，如图 4-18 所示。

图 4-18　单击"偏移"按钮

**Step 02**　输入 T 并按【Enter】键确认，选择以指定通过点方式创建偏移对象，选择要偏移复制的对象，如图 4-19 所示。

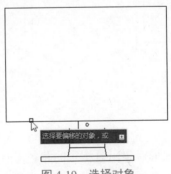

图 4-19　选择对象

**Step 03**　通过端点对象捕捉指定左侧底座平面图的任意右端点为通过点，如图 4-20 所示。

**Step 04**　此时，即可创建通过该点的偏移对象副本，如图 4-21 所示。

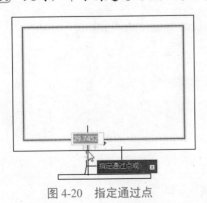

图 4-20　指定通过点

图 4-21　偏移对象副本

**Step 05** 选择偏移矩形内的竖线，单击"修改"面板中的"偏移"按钮，如图 4-22 所示。

**Step 06** 输入 50 并按【Enter】键确认，指定偏移距离，如图 4-23 所示。

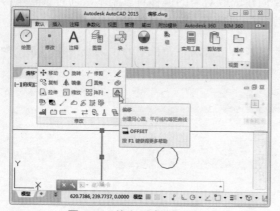

图 4-22 单击"偏移"按钮　　　　　　　　　　图 4-23 指定偏移距离

**Step 07** 在直线右侧任意一点单击鼠标左键，指定偏移方向，如图 4-24 所示。

**Step 08** 此时，即可在所选方向偏移复制出指定距离的对象副本，如图 4-25 所示。

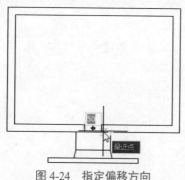 

图 4-24 指定偏移方向　　　　　　　　　　　图 4-25 偏移复制对象

## 实例 3　镜像

通过"镜像"工具可以将图形对象沿着指定的路径进行对称复制。下面将以绘制沙发立面图为例对该工具的应用进行介绍，具体操作方法如下。

**Step 01** 打开素材文件"镜像.dwg"，在"默认"选项卡下单击"修改"面板中的"镜像"按钮，如图 4-26 所示。

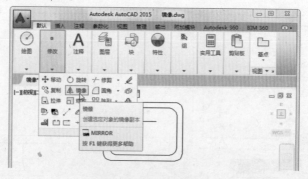

图 4-26 单击"镜像"按钮

**Step 02** 选择绘图区中的两把座椅作为镜像复制对象，按【Enter】键确认选择，如图 4-27 所示。

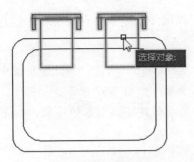

图 4-27 选择对象

**Step 03** 启用端点对象捕捉，指定桌面左侧直线中点为镜像线的第一点，如图 4-28 所示。

**Step 04** 指定通过该点的水平线上任意一点，作为镜像线的第二点，如图 4-29 所示。

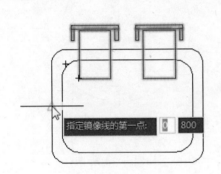

图 4-28 指定镜像线的第一点

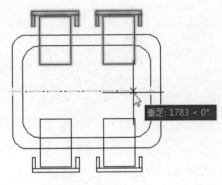

图 4-29 指定第二点

**Step 05** 当提示是否删除源对象时，保持其默认选项 N，按【Enter】键确认，如图 4-30 所示。

**Step 06** 保留源对象后，即可查看最终效果，如图 4-31 所示。

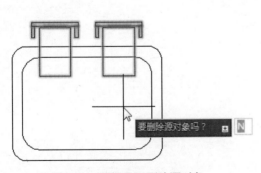

图 4-30 选择是否删除源对象

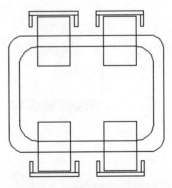

图 4-31 查看图形效果

实例 4 阵列

在 AutoCAD 2015 中，可以通过"阵列"工具按特定的排列方式创建多个对象副本，下面将进行详细介绍。

### 1. 环形阵列

通过"环形阵列"工具可以围绕指定中心点或旋转轴创建多个平均分布的对象副本，具体操作方法如下。

**Step 01** 打开素材文件"环形阵列.dwg"，打开"修改"面板中的阵列工具下拉菜单，选择其中的"环形阵列"命令，如图 4-32 所示。

**Step 02** 选择图形上方小圆作为要创建阵列副本的对象，按【Enter】键确认选择，如图 4-33 所示。

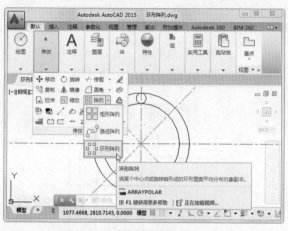

图 4-32 选择"环形阵列"命令

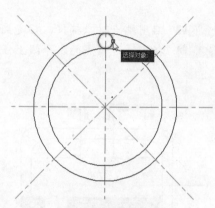

图 4-33 选择对象

**Step 03** 启用对象捕捉，单击同心圆的圆心指定阵列的中心点，如图 4-34 所示。

**Step 04** 自动切换到"创建阵列"选项卡，设置项目数及旋转角度。单击"关闭阵列"按钮，即可完成阵列对象的创建，如图 4-35 所示。

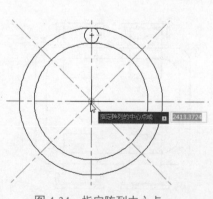

图 4-34 指定阵列中心点

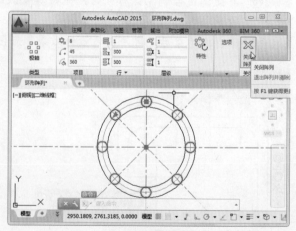

图 4-35 查看阵列效果

### 2. 矩形阵列

通过"矩形阵列"工具可以按指定行和列创建选定对象的副本，具体操作方法如下。

**Step 01**　打开素材文件"矩形阵列.dwg"，打开"修改"面板中的阵列工具下拉菜单，选择其中的"矩形阵列"命令，如图 4-36 所示。

**Step 02**　利用窗交模式选择图形左上方窗户作为要创建阵列副本的对象，按【Enter】键确认选择，如图 4-37 所示。

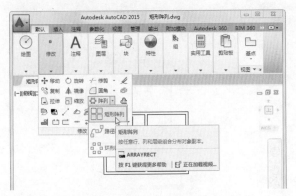

图 4-36　选择"矩形阵列"命令

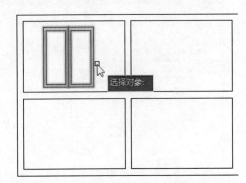

图 4-37　选择对象

**Step 03**　自动切换到"创建阵列"选项卡，分别设置行数、列数、行间距及列间距，然后单击"关闭阵列"按钮，如图 4-38 所示。

**Step 04**　此时，即可以平均分布方式创建多个矩形阵列对象副本，如图 4-39 所示。

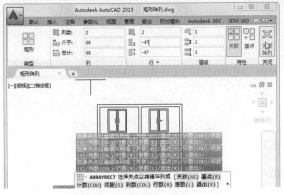

图 4-38　设置阵列参数

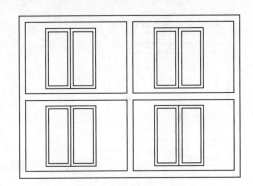

图 4-39　查看阵列效果

# 4.3　改变图形位置

在 AutoCAD 2015 中，可以通过"移动"工具和"旋转"工具改变图形对象的位置与角度，从而满足绘图要求。

## 实例 1　移动图形

通过"移动"工具可以将选取对象以指定距离从原来的位置移到新位置。下面将通过实例对其进行介绍，具体操作方法如下。

**Step 01** 打开素材文件"移动图形.dwg",在"默认"选项卡下单击"修改"面板中的"移动"按钮,如图 4-40 所示。

**Step 02** 利用窗交模式选择右下方座椅图形对象,按【Enter】键确认选择,如图 4-41 所示。

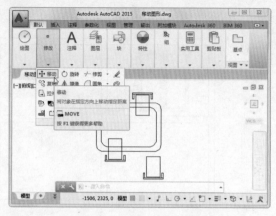

图 4-40 单击"移动"按钮

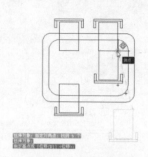

图 4-41 选择对象

**Step 03** 启用端点对象捕捉,在座椅图形对象的右上方端点处单击鼠标左键,指定位移基点,如图 4-42 所示。

**Step 04** 启用对象捕捉追踪,移动光标到茶几图形右上方与其相对的图形端点位置,从而指定对象捕捉的追踪点,如图 4-43 所示。

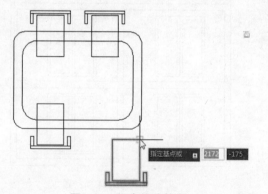

图 4-42 指定位移基点

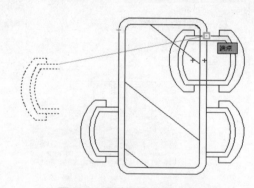

图 4-43 指定对象捕捉的追踪点

**Step 05** 移动光标捕捉上方座椅与左侧座椅延伸线的交点,指定移动位置,如图 4-44 所示。

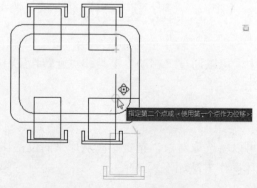

图 4-44 指定移动位置

**Step 06** 此时，即可通过"移动"工具及捕捉工具将所选图形对象移到指定位置，如图 4-45 所示。

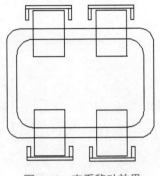

图 4-45　查看移动效果

## 实例 2　旋转图形

通过"旋转"工具可以将选定对象围绕基点旋转指定的角度，以满足绘图的需要。下面将通过实例对其进行介绍，具体操作方法如下。

**Step 01** 打开素材文件"旋转图形.dwg"，在"默认"选项卡下单击"修改"面板中的"旋转"按钮，如图 4-46 所示。

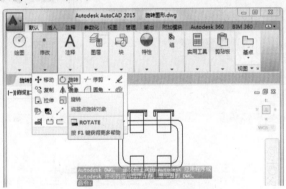

图 4-46　单击"旋转"按钮

**Step 02** 选择所有图形作为要旋转的对象，按【Enter】键确认选择，如图 4-47 所示。

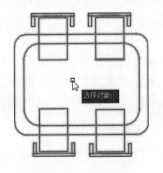

图 4-47　选择对象

**Step 03** 启用对象捕捉，捕捉餐桌上沿直线中点向下的延伸线，如图 4-48 所示。

**Step 04** 捕捉餐桌左沿直线中点向右延伸线与上方延伸线的垂足，指定旋转基点，如图 4-49 所示。

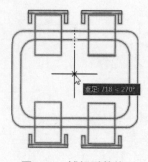

图 4-48　捕捉延伸线

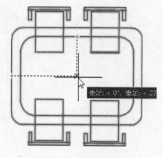

图 4-49　指定旋转基点

**Step 05** 通过移动光标或输入数值指定旋转角度，如图 4-50 所示。

**Step 06** 此时，即可将所选对象围绕基点旋转指定的角度，如图 4-51 所示。

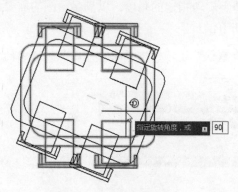

图 4-50　指定旋转角度

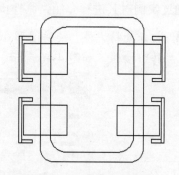

图 4-51　查看旋转效果

# 4.4　改变图形特性

　　用户可以通过改变图形对象本身的特性来满足绘图需求，如拉伸、延伸和缩放图形对象，为图形添加圆角和倒角等，本任务将分别对其进行介绍。

## 实例 1　拉伸、延伸与缩放图形

　　通过"拉伸"工具可以按指定方向和角度拉伸或缩短对象；通过"延伸"工具可以延伸所选对象的端点至指定边界；通过"缩放"工具可以按比例改变图形的大小。

　　下面将通过实例对上述工具的应用进行介绍，具体操作方法如下。

**Step 01** 打开素材文件"拉伸、延伸与缩放图形.dwg"，在"默认"选项卡下单击"修改"面板中的"拉伸"按钮，如图 4-52 所示。

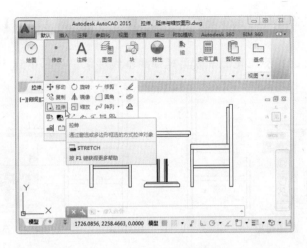

图 4-52　单击"拉伸"按钮

**Step 02** 以窗交方式选择桌面下侧的部分区域，按【Enter】键确认选择，如图 4-53 所示。

**Step 03** 分别指定位移的基点和第二点，从而拉伸对象，如图 4-54 所示。

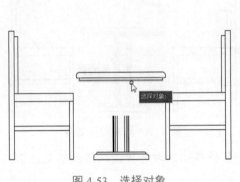

图 4-53　选择对象

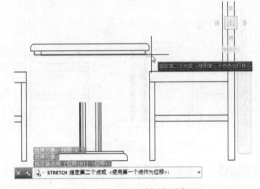

图 4-54　拉伸对象

**Step 04** 完成拉伸操作后，通过对象捕捉追踪，水平移动对象到中心位置，如图 4-55 所示。

**Step 05** 在"修改"面板中单击"修剪"按钮右侧的下拉按钮，在弹出的下拉菜单中选择"延伸"命令，如图 4-56 所示。

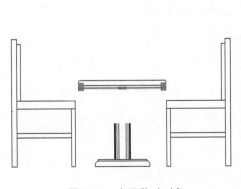

图 4-55　水平移动对象

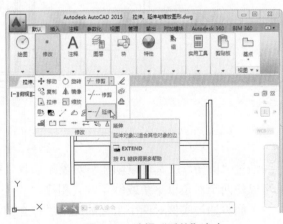

图 4-56　选择"延伸"命令

**Step 06** 选择茶几桌面底部对象作为要延伸至的边界对象，按【Enter】键确认选择，如图 4-57 所示。

**Step 07** 以窗交方式选择茶几桌面下方要延伸的垂线对象，如图 4-58 所示。

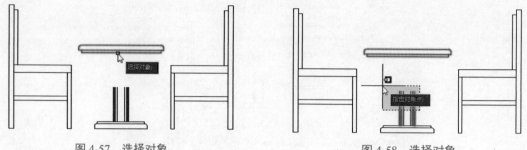

图 4-57　选择对象　　　　　　　　　　　　　　图 4-58　选择对象

**Step 08** 此时，即可将所选垂线的一端延伸至边界对象，如图 4-59 所示。

**Step 09** 单击"修改"面板中的"缩放"按钮，选择全部茶几图形作为缩放对象，按【Enter】键确认选择，然后通过对象捕捉指定缩放基点，如图 4-60 所示。

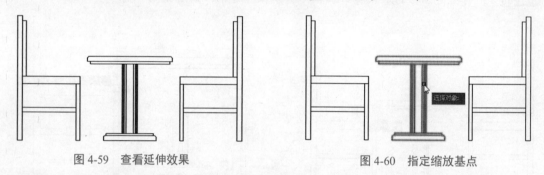

图 4-59　查看延伸效果　　　　　　　　　　　　图 4-60　指定缩放基点

**Step 10** 设置缩放比例，如输入 1.2，并按【Enter】键确认，即可按比例缩放茶几对象，如图 4-61 所示。

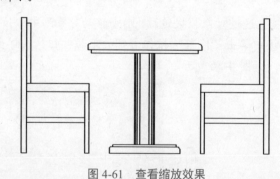

图 4-61　查看缩放效果

### 实例 2　为图形添加圆角与倒角

通过"圆角"工具可以创建与对象相切且具有指定半径的圆弧对象，通过"倒角"工具可以使两个对象以平角或倒角方式相接。

下面将通过实例对两个工具的应用进行介绍，具体操作方法如下。

Step **01** 打开素材文件"为图形添加圆角与倒角.dwg",在"默认"选项卡下单击"修改"
面板中的"圆角"按钮,如图 4-62 所示。

Step **02** 输入 R 并按【Enter】键确认,切换到半径设置状态。指定圆角半径,如输入 200
并按【Enter】键确认,如图 4-63 所示。

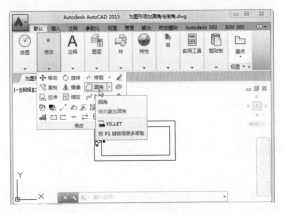

图 4-62　单击"圆角"按钮

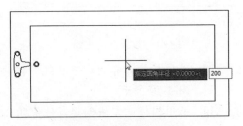

图 4-63　指定圆角半径

Step **03** 选择外侧矩形的左侧边作为圆角对象的一边,如图 4-64 所示。

Step **04** 选择外侧矩形的上侧边作为圆角对象的另一边,即可创建指定半径的圆角对象,
如图 4-65 所示。

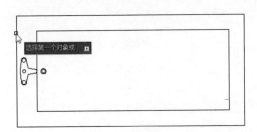

图 4-64　选择一边

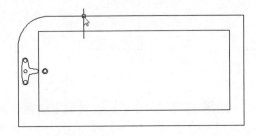

图 4-65　选择另一边

Step **05** 采用同样的方法,为相邻的其他边创建圆角对象,如图 4-66 所示。

Step **06** 单击"圆角"下拉按钮,在弹出的下拉菜单中选择"倒角"命令,如图 4-67 所示。

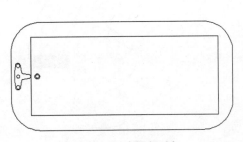

图 4-66　创建圆角对象

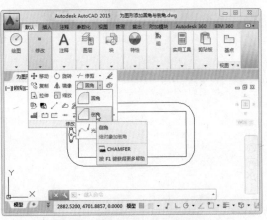

图 4-67　选择"倒角"命令

Step **07** 输入 D 并按【Enter】键确认,分别设置倒角两条边的距离,如输入 60 并按两次
【Enter】键确认,设置相同的倒角距离,如图 4-68 所示。

Step **08** 选择内侧矩形左侧的指定边,作为倒角的一边,如图 4-69 所示。

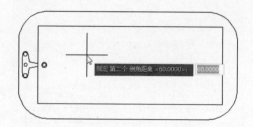

图 4-68　设置倒角距离

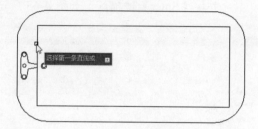

图 4-69　指定一边

Step **09** 选择与其相邻的水平直线,作为倒角的另一边,创建出一个指定距离的倒角,如
图 4-70 所示。

Step **10** 采用同样的方法创建其他倒角,查看最终效果,如图 4-71 所示。

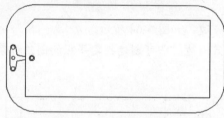

图 4-70　指定另一边

图 4-71　查看倒角效果

**实例 3　打断与合并图形**

　　使用"打断"命令可以在对象上的两个指定点之间创建间隔,从而将对象打断为两个
对象;使用"合并"命令可以将所选的对象执行闭合操作,具体操作方法如下。

Step **01** 打开素材文件"打断与合并图形.dwg",打开"修改"面板,单击其中的"打断"
按钮,如图 4-72 所示。

Step **02** 在绘图区中的圆对象上单击鼠标左键,指定需要打断的对象,如图 4-73 所示。

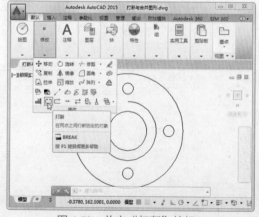

图 4-72　单击"打断"按钮

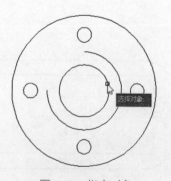

图 4-73　指定对象

**Step 03** 输入 F 并按【Enter】键确认，通过象限点对象捕捉模式指定第一个打断点，如图 4-74 所示。

**Step 04** 通过象限点对象捕捉模式指定第二个打断点，如图 4-75 所示。

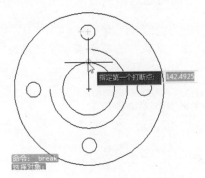

图 4-74 指定第一个打断点

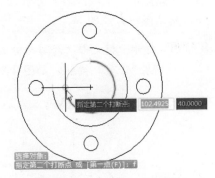

图 4-75 指定第二个打断点

**Step 05** 此时，即可按指定的打断点将所选圆对象打断，如图 4-76 所示。

**Step 06** 再次打开"修改"面板，单击其中的"合并"按钮，如图 4-77 所示。

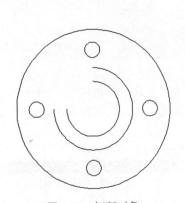

图 4-76 打断对象

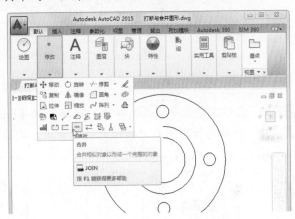

图 4-77 单击"合并"按钮

**Step 07** 选择图形中间的圆对象，作为要执行合并操作的源对象，按【Enter】键确认选择，如图 4-78 所示。

**Step 08** 输入 L 并按【Enter】键确认，对所选对象执行闭合操作即可，如图 4-79 所示。

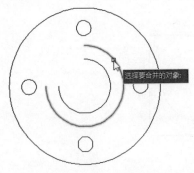

图 4-78 选择对象

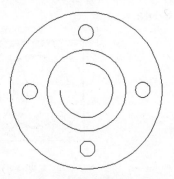

图 4-79 查看闭合效果

实例 4　修剪与分解图形

通过"修剪"工具可以清理图形中不需要的相交部分；通过"分解"工具可以将复合对象（如矩形、多段线等）分解为其部件对象。下面将通过实例对两个工具的应用进行介绍，具体操作方法如下。

**Step 01** 打开素材文件"修剪与分解图形.dwg"，在"默认"选项卡下单击"修改"面板中的"修剪"按钮，如图 4-80 所示。

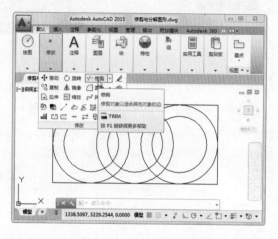

图 4-80　单击"修剪"按钮

**Step 02** 通过窗交选择方式选择修剪区域，按【Enter】键确认选择，如图 4-81 所示。

**Step 03** 移动光标到图形中要修剪的对象上，单击对其线条进行修剪，如图 4-82 所示。

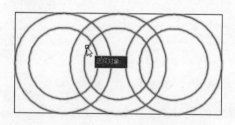

图 4-81　选择对象

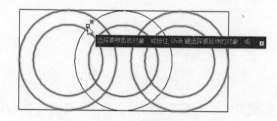

图 4-82　修剪对象

**Step 04** 采用同样的方法修剪图形中的其他对象，修剪完毕后按【Enter】键退出修剪状态，效果如图 4-83 所示。

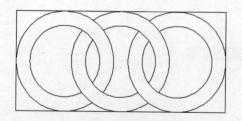

图 4-83　查看修剪效果

**Step 05** 单击"修改"面板中的"分解"按钮 ，如图 4-84 所示。

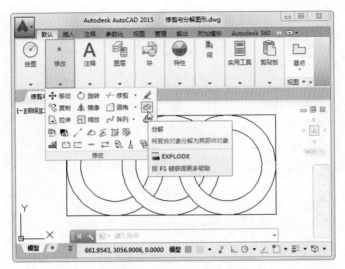

图 4-84 单击"分解"按钮

**Step 06** 选择要分解的对象，按【Enter】键确认选择，如图 4-85 所示。

**Step 07** 此时，即可将所选矩形分解为分离的直线对象，如图 4-86 所示。

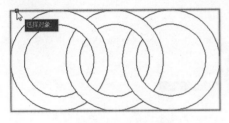

图 4-85 选择对象

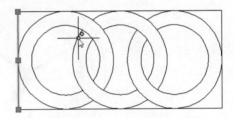

图 4-86 查看分解效果

## 实例 5 夹点编辑

当对象处于选中状态时，对象关键点上将出现蓝色实心小方块，这些位于关键点上的小方块就是夹点。不同类型的对象，其夹点形状与位置也会不同，如图 4-87 所示。

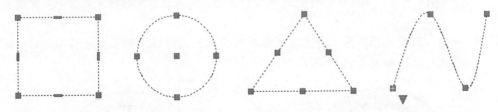

图 4-87 夹点形状和位置

用户可以通过夹点对已选对象执行移动、旋转、复制、缩放和拉伸等操作。下面将通过实例对夹点的应用进行介绍，具体操作方法如下。

**Step 01** 打开素材文件"夹点编辑.dwg"，选择需要编辑的大圆对象，所选对象将显示蓝色，并在对象上出现蓝色夹点，如图 4-88 所示。

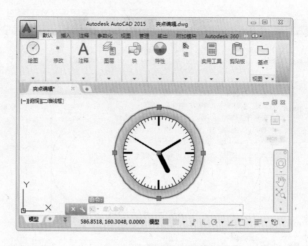

图 4-88 选择对象

**Step 02** 选择对象上的任意夹点并向外拖动，即可通过拉伸夹点方式放大所选的圆对象，如图 4-89 所示。

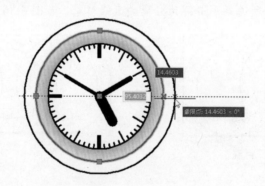

图 4-89 放大对象

**Step 03** 选择时针图形对象，然后移动光标到右侧蓝色夹点上，在弹出的快捷菜单中选择"拉伸"命令。若直接选择夹点并进行拖动，默认会启用拉伸夹点方式，如图 4-90 所示。

**Step 04** 此时，改变光标位置，会发现所选对象将拉长或缩短。向左上方移动光标，缩短所选对象，如图 4-91 所示。

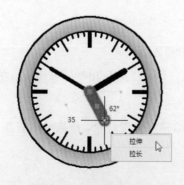

图 4-90 选择"拉伸"命令

图 4-91 拉伸对象

**Step 05** 选择分针图形对象，然后单击选择对象左下方的夹点，依次按【Enter】键确认，切换到旋转编辑模式，如图 4-92 所示。

**Step 06** 此时，改变光标位置，会发现所选对象将进行旋转，其长度始终保持不变，旋转对象到合适的角度即可，如图 4-93 所示。

图 4-92　切换到旋转编辑模式

图 4-93　旋转对象

# 4.5　图案填充

　　在 AutoCAD 2015 中，可以通过不同类型的填充工具来表现不同类型对象的外观纹理。填充工具主要包括"图案填充""渐变色填充"和"边界填充"三种类型，下面将分别对其进行介绍。

## 实例 1　创建填充图案

　　通过"图案填充"工具可以对指定边界内的对象进行多种样式的图案填充，还可以对其角度和比例等进行自定义设置。下面将通过实例对其进行介绍，具体操作方法如下。

**Step 01** 打开素材文件"创建填充图案.dwg"，在"常用"选项卡下单击"绘图"面板中的"图案填充"按钮，如图 4-94 所示。

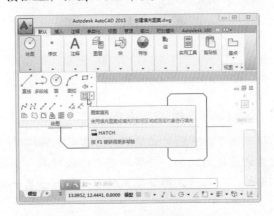

图 4-94　单击"图案填充"按钮

**Step 02** 切换到"图案填充创建"选项卡，单击"图案填充图案"按钮，在弹出的列表框中选择要填充的图案样式，如选择 ANSI31 图案，如图 4-95 所示。

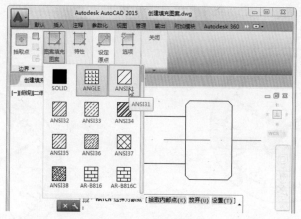

图 4-95　选择填充图案

**Step 03** 通过"特性"面板中的"图案填充颜色"和"背景色"下拉菜单分别设置图案填充颜色与背景颜色，如图 4-96 所示。

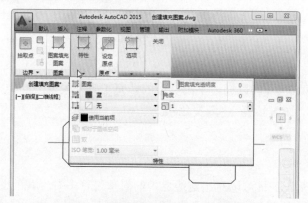

图 4-96　设置图案填充颜色与背景颜色

**Step 04** 移动光标到图形中要填充图案的封闭区域内，单击即可进行图案的填充，填充完毕后按【Esc】键退出填充状态，如图 4-97 所示。

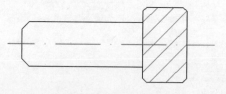

图 4-97　填充对象

**Step 05** 单击图形中的填充图案，可随时切换到"图案填充编辑器"选项卡，通过"特性"面板可编辑图案的角度与比例，并实时查看修改效果，如图 4-98 所示。

**Step 06** 打开"原点"面板，可以修改图案填充的起始原点位置，如图 4-99 所示。

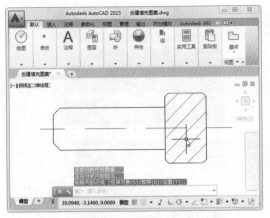

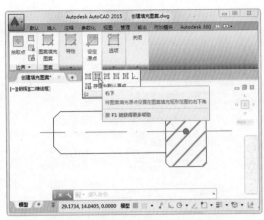

图 4-98　查看修改效果　　　　　　　　　图 4-99　修改原点位置

## 实例 2　创建填充渐变色

通过"渐变色"工具可以为指定边界内的对象添加一种或两种颜色平滑过渡的渐变填充。下面将通过实例对该工具的应用进行介绍，具体操作方法如下。

**Step 01** 打开素材文件"创建填充渐变色.dwg"，单击"图案填充"下拉按钮，在弹出的下拉菜单中选择"渐变色"命令，如图 4-100 所示。

**Step 02** 自动切换到"图案填充创建"选项卡，单击"渐变色"按钮使其变为灰色状态，关闭双色渐变填充，如图 4-101 所示。

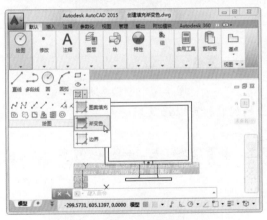

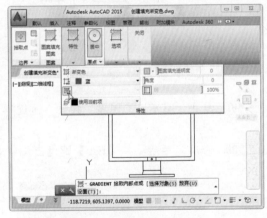

图 4-100　选择"渐变色"命令　　　　　　图 4-101　关闭双色渐变填充

**Step 03** 单击"渐变色 1"下拉按钮，选择"更多颜色"命令，如图 4-102 所示。

**Step 04** 打开"选择颜色"对话框，选择所需的颜色，然后单击"确定"按钮，如图 4-103 所示。

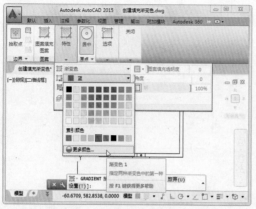

图 4-102 选择"更多颜色"命令

图 4-103 "选择颜色"对话框

**Step 05** 单击"边界"面板中的"拾取点"按钮，在图形中单击指定填充区域，即可进行渐变色填充，如图 4-104 所示。

**Step 06** 单击已填充的渐变色，将打开"图案填充编辑器"选项卡，通过该选项卡可对渐变色参数进行更改，如更改透明度等，如图 4-105 所示。

图 4-104 指定填充区域

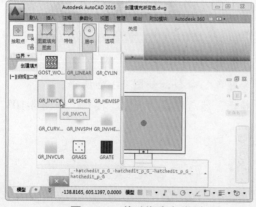

图 4-105 更改透明度

**Step 07** 单击"图案填充图案"按钮，通过弹出的列表框可以修改渐变色类型，如图 4-106 所示。

**Step 08** 修改完毕后，按【Esc】键退出编辑状态，查看修改效果，如图 4-107 所示。

图 4-106 修改渐变色类型

图 4-107 查看修改效果

### 实例 3　应用孤岛检测

当填充图案或渐变色后，默认将应用普通孤岛检测方式。孤岛检测用于控制是否检测图形内部的闭合边界，以实现不同类型的填充。下面将对孤岛检测方式的切换方法进行介绍，具体操作方法如下。

**Step 01**　打开素材文件"应用孤岛检测.dwg"，单击图形中的渐变色填充，打开"图案填充编辑器"选项卡，打开"选项"面板，单击"普通孤岛检测"按钮右侧的下拉按钮，在弹出的下拉菜单中选择"外部孤岛检测"命令，如图 4-108 所示。

**Step 02**　此时，图形内部的闭合边界将不再被渐变色填充，如图 4-109 所示。

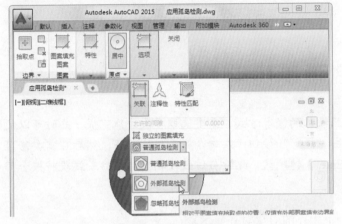

图 4-108　选择"外部孤岛检测"命令

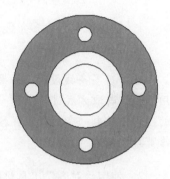

图 4-109　查看图形效果

**Step 03**　再次打开"选项"面板，单击"外部孤岛检测"下拉按钮，在弹出的下拉菜单中选择"忽略孤岛检测"命令，如图 4-110 所示。

**Step 04**　此时，程序将忽略图形内部的闭合边界，充满整个图形，如图 4-111 所示。

图 4-110　选择"忽略孤岛检测"命令

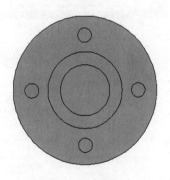

图 4-111　查看图形效果

# 本章小结

本章主要介绍了对二维图形进行编辑的方法。通过本章的学习，读者应重点掌握以下知识：

（1）了解二维图形编辑的各种原则。

（2）能够熟练掌握复制、阵列、旋转、拉伸、图案填充等操作方法。

（3）能够熟练对夹点进行编辑操作。

# 本章习题

1. 快速修剪包含多条线段的图形。

操作提示：

在修剪多条线段时，如果按照默认的修剪方式，需要选取多次才能完成，此时可以使用 fence 选取方式进行操作：单击"修剪"按钮，在命令行窗口输入 F，然后在需要修剪的图形中绘制一条线段，并按【Enter】键确认，此时与该线段相交的图形或线段将被全部修剪掉。

2. 使用"对齐"工具将两个不相连的对象对齐显示。

操作提示：

（1）打开素材文件"对齐.dwg"，在"默认"面板中单击"对齐"按钮，如图 4-112 所示。

（2）选择要对齐的对象，按【Enter】键确认。通过对象捕捉模式指定第一个对象源点，如图 4-113 所示。

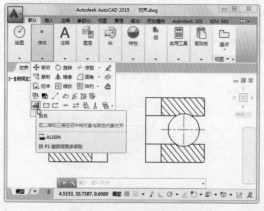

图 4-112　单击"对齐"按钮

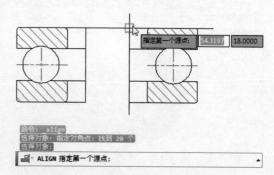

图 4-113　指定第一个对象源点

（3）指定另一个对象的端点为第一个目标点，如图 4-114 所示。

（4）以同样的方法指定第二个源点和目标点，并按【Enter】键确认，在弹出的快捷菜单中选择"否"命令，不基于对齐点缩放对象，即可将两个所选对象对齐，如图 4-115 所示。

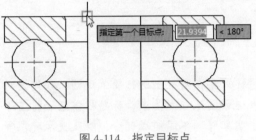

图 4-114　指定目标点

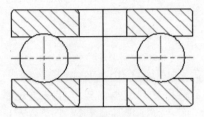

图 4-115　对齐效果

# 第5章 文本与表格的应用

【本章导读】

在 AutoCAD 2015 中绘制完一张图纸后，通常需要在图纸上进行简单说明，让用户对图纸了解得更加透彻，其中可以通过添加文字表达如图纸技术要求、标题栏信息和标签等内容，还可以通过创建表格表述如在机械图中说明零件的不同组成部分，以及技术要求等内容。本章将学习如何在图形中添加文字与表格等知识。

【本章目标】

➢ 认识文字样式。
➢ 学会添加单行文本。
➢ 学会添加多行文本。
➢ 认识表格样式。
➢ 学会创建表格。

# 5.1 创建文字样式

文字标注样式包括字体、字号、倾斜角度、方向等多种文字特征，图形中的所有文字都具有与之相关联的文字样式。在输入文字时，程序将使用当前文字样式。可以使用当前文字样式创建和加载新的文字样式。在创建文字样式后，可以修改其特征、名称等，或在不再需要时将其删除。文字样式主要用来控制文字的字体、高度，以及颠倒、反向、垂直、宽度比例、倾斜角度等效果。在默认情况下，AutoCAD 自动创建了一个名为 Standard 的文字样式。选择"格式">"文字样式"菜单，或直接在命令行中输入命令 STYLE，都可以打开"文字样式"对话框。如图 5-1 所示。

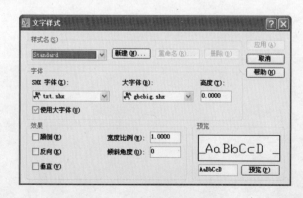

图 5-1 "文字样式"对话框

## 实例 1 　新建样式

除了使用默认的 Standard 文字样式外，可以创建任何所需的文字样式。下面将通过实例介绍如何新建文字样式，具体操作方法如下。

**Step 01** 单击"默认"选项卡下的"注释"下拉按钮，如图 5-2 所示。

**Step 02** 弹出"注释"面板，单击"文字样式"按钮 A，如图 5-3 所示。

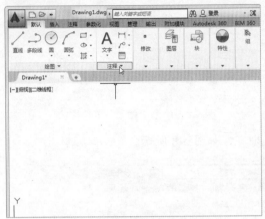

图 5-2 　单击"注释"下拉按钮 　　　　图 5-3 　单击"文字样式"按钮

**Step 03** 弹出"文字样式"对话框，单击"新建"按钮，弹出"新建文字样式"对话框，输入样式名，然后单击"确定"按钮，如图 5-4 所示。

**Step 04** 设置相关参数，单击"应用"按钮，然后单击"关闭"按钮完成创建操作，如图 5-5 所示。

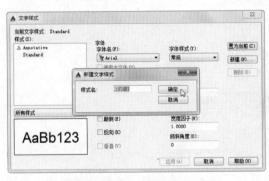

图 5-4 　输入样式名 　　　　　　　图 5-5 　设置文字样式

## 实例 2 　选择样式

新建样式后，可以快速切换到所需的文字样式，具体操作方法如下。

**Step 01** 单击"默认"选项卡下的"注释"下拉按钮，如图 5-6 所示。

**Step 02** 弹出"注释"面板，单击"样式"下拉按钮，如图 5-7 所示。

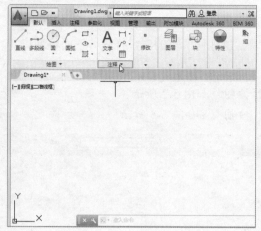

图 5-6　单击"注释"下拉按钮

图 5-7　单击"样式"下拉按钮

Step **03**　在"样式"列表框中选择所需的样式即可，如图 5-8 所示。

图 5-8　选择样式

# 5.2　添加文本

实例 1　添加单行文本

单行文字一般用于创建文字较少的对象。其中，每行文字都是一个独立的对象，可以对其进行定位、调整格式或进行其他修改操作。

下面将通过实例对单行文字的创建方法进行介绍，具体操作方法如下。

Step **01**　打开素材文件"添加单行文本.dwg"，打开"注释"面板中的"文字样式"下拉列表，选择所需的文字样式，如图 5-9 所示。

Step **02**　再次打开"注释"面板，单击"文字"下拉按钮，在弹出的下拉菜单中选择"单行文字"命令，如图 5-10 所示。

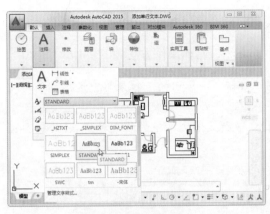

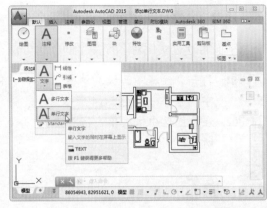

图 5-9　选择文字样式　　　　　　　　　　　图 5-10　选择"单行文字"命令

**Step 03**　在绘图区中所需的位置依次单击鼠标左键,分别指定文字的起点与高度,如图 5-11
所示。

**Step 04**　指定文字高度后，直接按【Enter】键确认，指定文字旋转角度为 0。输入所需文
字后，在旁边单击鼠标左键，然后按【Esc】键退出输入状态，如图 5-12 所示。

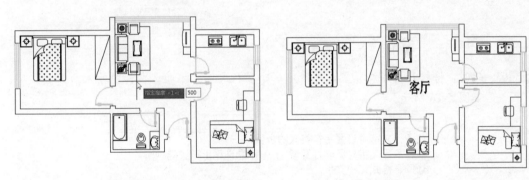

图 5-11　指定文字的起点与高度　　　　　　　　图 5-12　输入文字

**Step 05**　采用同样的方法，在图形的其他位置输入所需的文字，如图 5-13 所示。

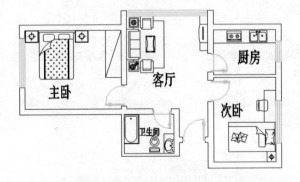

图 5-13　输入其他文字

## 实例 2　添加多行文本

　　"多行文字"又称为段落文字，它由多个文字行或段落组成。在创建多行文字时，所

创建的多个文字行或段落被视为同一个多行文字对象，可以对其进行整体编辑操作。

下面将通过实例对多行文字的创建方法进行介绍，具体操作方法如下。

**Step 01** 打开"注释"面板，单击"文字"下拉按钮，在弹出的下拉菜单中选择"多行文字"命令，如图 5-14 所示。

**Step 02** 在绘图区中依次单击鼠标左键，分别指定多行文字文本框的两个对角点，如图 5-15 所示。

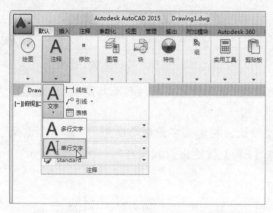

图 5-14 选择"多行文字"命令

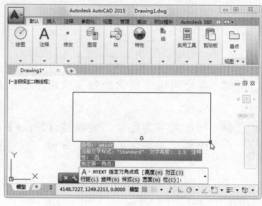

图 5-15 指定两个对角点

**Step 03** 此时，将打开文字编辑器，并新建一个多行文字文本框，在其中输入所需的文字，如图 5-16 所示。

> 在多行文字中设置字符格式的步骤：
> 双击多行文字对象以打开"多行文字"功能区上下文选项卡。
> 选择要格式化的文字：
> 在功能区上下文选项卡或工具栏中，更改格式。
> 要保存更改并退出编辑器。]

图 5-16 输入文字

**Step 04** 选中标题文本，单击"段落"面板中的"居中"按钮，如图 5-17 所示。

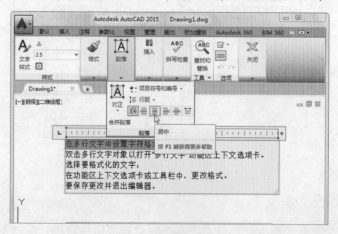

图 5-17 居中文本

Step 05 选中段落文本，通过"样式"面板中的"文字高度"下拉列表修改其文字高度，单击"段落"面板中的"行距"下拉按钮，在弹出的下拉列表中选择行距，如图 5-18 所示。

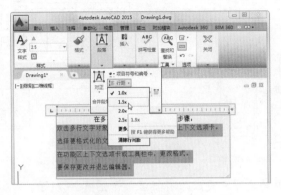

图 5-18 选择行距

Step 06 单击"段落"面板中的"项目符号和编号"下拉按钮，在弹出的下拉菜单中选择"以数字标记"命令，从而添加段落标记，如图 5-19 所示。

Step 07 单击"关闭"面板中的"关闭文字编辑器"按钮，退出编辑状态，查看最终多行文字效果，如图 5-20 所示。

图 5-19 选择"以数字标记"命令

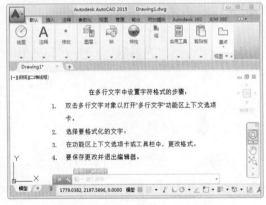

图 5-20 查看多行文字效果

# 5.3 编辑文字

在创建文字标注后，可以对其内容、特性等进行编辑，如更改文字内容、调整文字位置、更改字体与文字大小等。

## 实例 1 修改内容

在创建文字标注后，可以对其内容进行修改，具体操作方法如下。

Step 01 打开素材文件"修改内容.dwg"，如图 5-21 所示。

**Step 02** 双击图形中的文字标注，显示文本编辑框，如图 5-22 所示。

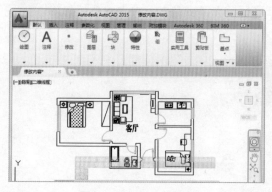

图 5-21　打开素材文件

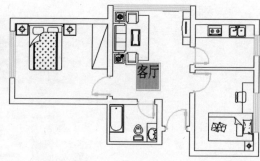

图 5-22　双击文字标注

**Step 03** 输入需要替换的文字，更改原有标注，如图 5-23 所示。

**Step 04** 单击标注出现夹点，单击夹点移动标注到图形的指定位置即可，如图 5-24 所示。

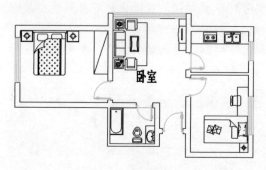

图 5-23　输入文字

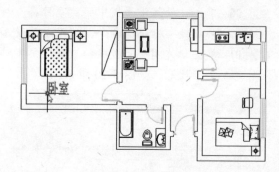

图 5-24　移动标注位置

## 实例 2　修改特性

在创建文字标注后，可以对其高度、字体等特性进行修改，具体操作方法如下。

**Step 01** 打开素材文件"修改特性.dwg"，双击绘图区中的标注，显示文本编辑框，如图 5-25 所示。

**Step 02** 选中需要修改特性的文字，如图 5-26 所示。

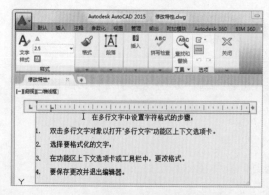

图 5-25　双击标注

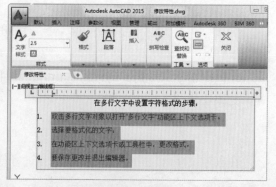

图 5-26　选中文字

**Step 03** 设置合适的文字高度值，如图 5-27 所示。

**Step 04** 单击"字体"下拉按钮，选择合适的字体，如图 5-28 所示。

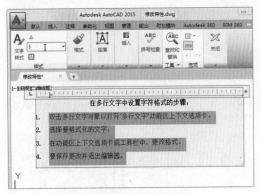

图 5-27　设置高度值

图 5-28　选择字体

**Step 05** 此时，即可查看修改文字特性后的标注效果，如图 5-29 所示。

**Step 06** 如果开启了"快捷特性"功能，可单击文字标注，在弹出的面板中进行相应的设置，如图 5-30 所示。

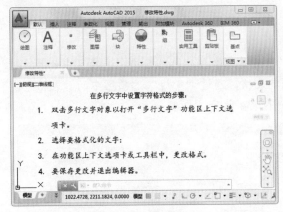

图 5-29　查看标注效果

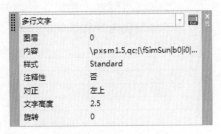

图 5-30　设置文字参数

# 5.4　创建与编辑表格

　　表格是在行和列中包含数据的对象。在 AutoCAD 2015 中，可以通过创建表格以简洁、清晰的形式表达图纸的相关信息，如图纸名称、绘图比例与制作单位等。

## 实例 1　创建表格样式

　　表格样式用于控制表格的外观，如字体、颜色、文本高度和行距等。用户可以使用默认表格样式 Standard，也可以修改或创建自己的表格样式。下面将通过实例对表格样式的创建方法进行介绍，具体操作方法如下。

中文版 AutoCAD 2015 实例教程

**Step 01** 在"默认"选项卡下打开"注释"面板，单击其中的"表格样式"按钮🖳，如图 5-31 所示。

**Step 02** 弹出"表格样式"对话框，单击"新建"按钮，如图 5-32 所示。

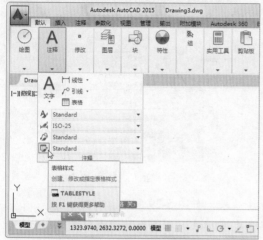

图 5-31　单击"表格样式"按钮

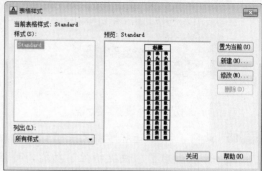

图 5-32　"表格样式"对话框

**Step 03** 弹出"创建新的表格样式"对话框，在"新样式名"文本框中输入名称，然后单击"继续"按钮，如图 5-33 所示。

**Step 04** 打开"新建表格样式：新样式"对话框，单击"起始表格"选项区中的🖳按钮，可以在图形中选择用作样例的已有表格，通过"常规"选项区中的"表格方向"下拉列表选择表格读取方向，如图 5-34 所示。

图 5-33　"创建新的表格样式"对话框

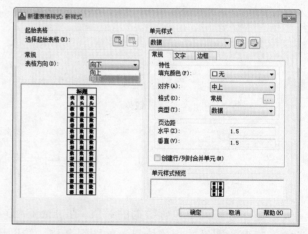

图 5-34　"新建表格样式：新样式"对话框

**Step 05** 通过"单元样式"下拉列表选择要设置的单元样式，可选择默认提供的单元样式，也可新建单元样式，如图 5-35 所示。

**Step 06** 在"常规"选项卡下可以对单元样式的常规参数进行设置，如设置其填充颜色、对齐方式与页边距等，如图 5-36 所示。

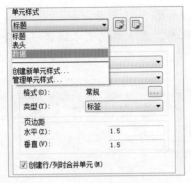

图 5-35　选择单元样式

图 5-36　设置常规参数

**Step 07** 选择"文字"选项卡，可以对文字样式、文字高度及文字颜色等进行设置，如图 5-37 所示。

**Step 08** 选择"边框"选项卡，可以对表格边框的线宽、线型等进行设置，设置完毕后单击"确定"按钮即可，如图 5-38 所示。

图 5-37　设置文字参数

图 5-38　设置边框参数

### 实例2　创建表格

下面将通过实例介绍如何在 AutoCAD 2015 中创建表格，具体操作方法如下。

**Step 01** 在"默认"选项卡下打开"注释"面板，单击"表格"按钮，如图 5-39 所示。

**Step 02** 弹出"插入表格"对话框，在"插入方式"选项区中选择插入表格方式，分别设置列数、行高和单元样式，设置完毕后单击"确定"按钮，如图 5-40 所示。

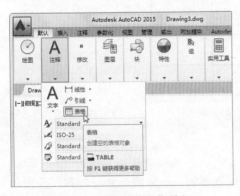

图 5-39　单击"表格"按钮

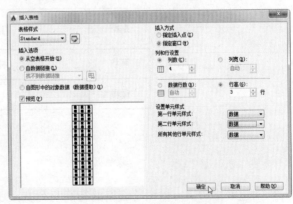

图 5-40　"插入表格"对话框

**Step 03** 在绘图区中分别指定表格的两个对角点，如图 5-41 所示。

**Step 04** 此时，即可创建表格，并进入文本编辑状态。在表格的文本编辑框中输入所需的
文字，如图 5-42 所示。

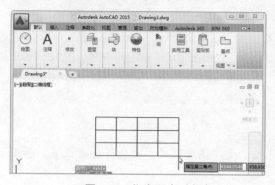

图 5-41　指定两个对角点

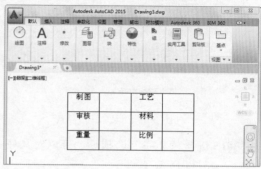

图 5-42　输入文字

**Step 05** 双击表格中的单元格，打开"文字编辑器"选项卡，选中单元格中的文本，通过
"样式"面板和"格式"面板调整文字的高度与样式，如图 5-43 所示。

**Step 06** 单击"段落"面板中的"对正"下拉按钮，在弹出的下拉菜单中选择"正中"命
令，从而对正文字，如图 5-44 所示。

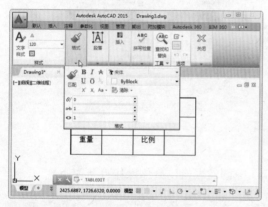

图 5-43　调整文字的高度与样式

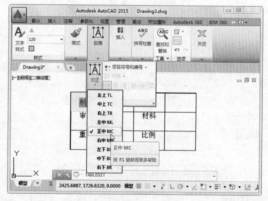

图 5-44　选择"正中"命令

**Step 07** 采用同样的方法，修改其他文字的大小、格式与对正方式即可，如图 5-45 所示。

图 5-45　修改其他文字效果

## 实例 3　编辑表格

创建表格后，可以调整表格的行高与列宽，还可以添加、删除或合并行与列，改变单
元格边框样式等，具体操作方法如下。

**Step 01** 开启状态栏"快捷特性"工具，单击表格，打开快捷特性面板，即可统一修改表格的宽度和高度，如图 5-46 所示。

**Step 02** 关闭"快捷特性"工具，选中表格，单击其右上角的夹点，移动光标，可以统一拉伸表格宽度，如图 5-47 所示。

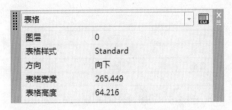

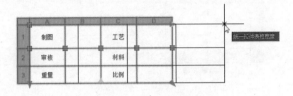

图 5-46　统一修改表格宽度和高度　　　　　　　图 5-47　统一拉伸表格宽度

**Step 03** 单击表格右下角的夹点，移动光标，可以统一拉伸表格宽度和高度，如图 5-48 所示。

**Step 04** 移动表格列两侧夹点的位置，可以更改表格单列的宽度，如图 5-49 所示。

图 5-48　统一拉伸表格宽度和高度　　　　　　　图 5-49　更改表格单列宽度

**Step 05** 右击表格，通过弹出的快捷菜单可以均匀调整表格的行与列，如图 5-50 所示。

**Step 06** 单击选择表格中的单元格，切换到"表格单元"选项卡，在"行"面板中单击"从上方插入"按钮，即可在表格中所选单元格的上方插入一行，如图 5-51 所示。

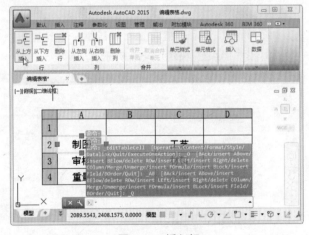

图 5-50　均匀调整表格的行与列　　　　　　　图 5-51　插入行

**Step 07** 选择表格中需要合并的单元格，单击"合并"面板中的"合并单元"下拉按钮，在弹出的下拉菜单中选择"合并全部"命令，如图 5-52 所示。

**Step 08** 此时，即可合并所选单元格，效果如图 5-53 所示。

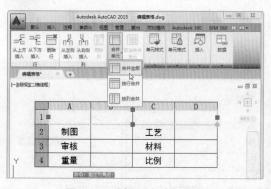

图 5-52　选择"合并"命令

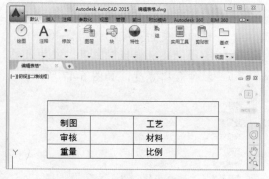

图 5-53　查看合并效果

**Step 09**　在新插入的单元格中输入所需的文字，然后选择该单元格，在"单元样式"面板中打开填充颜色下拉列表，选择合适的颜色，如图 5-54 所示。

**Step 10**　此时，所选单元格即可应用所选的背景颜色。选中全部单元格，打开"单元样式"面板，单击"编辑边框"按钮，如图 5-55 所示。

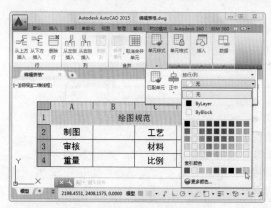

图 5-54　选择颜色

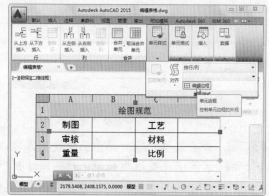

图 5-55　单击"编辑边框"按钮

**Step 11**　弹出"单元边框特性"对话框，设置边框线宽、颜色与边框样式等，然后单击"确定"按钮，如图 5-56 所示。

**Step 12**　此时，表格的边框样式将应用新设置的效果，如图 5-57 所示。

图 5-56　"单元边框特性"对话框

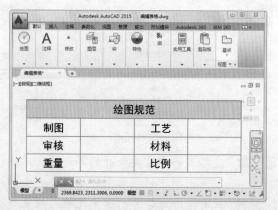

图 5-57　查看边框效果

实例 4　插入表格

在 AutoCAD 2015 中可以链接 Excel 电子表格中的数据，从而插入现有 Excel 表格，具体操作方法如下。

**Step 01**　在"默认"选项卡下打开"注释"面板，单击"表格"按钮，如图 5-58 所示。

**Step 02**　弹出"插入表格"对话框，在"插入选项"选项区中选中"自数据链接"单选按钮，然后单击"启动'数据链接管理器'对话框"按钮，如图 5-59 所示。

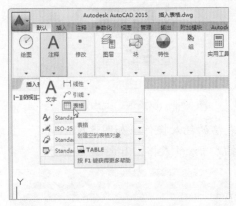

图 5-58　单击"表格"按钮

图 5-59　"插入表格"对话框

**Step 03**　弹出"选择数据链接"对话框，在列表框中单击"创建新的 Excel 数据链接"选项，弹出"输入数据链接名称"对话框，输入名称，然后单击"确定"按钮，如图 5-60 所示。

**Step 04**　弹出"新建 Excel 数据链接"对话框，在其中单击"浏览"按钮，如图 5-61 所示。

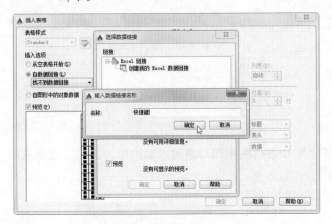

图 5-60　输入数据链接名称

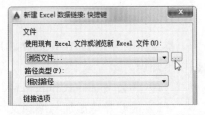

图 5-61 "新建 Excel 数据链接"对话框

**Step 05**　弹出"另存为"对话框，选择 Excel 文件，然后单击"打开"按钮，如图 5-62 所示。

**Step 06**　在"新建 Excel 数据链接"对话框中设置链接范围、单元内容等，然后选中"预览"复选框，可以预览表格内容，设置完毕后单击"确定"按钮，如图 5-63 所示。

图 5-62 "另存为"对话框

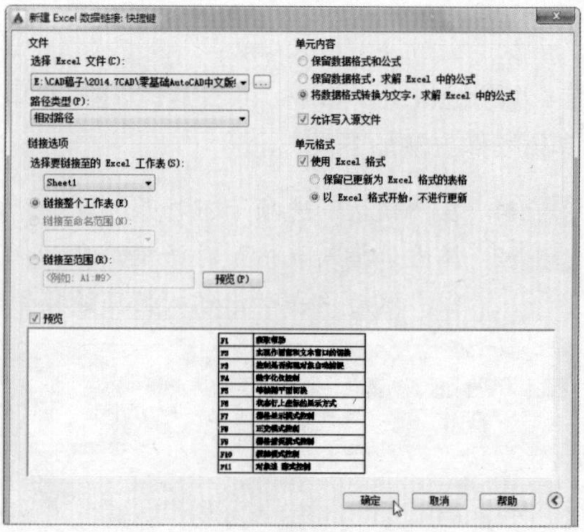

图 5-63 设置数据链接选项

**Step 07** 依次单击"确定"按钮关闭对话框，确认表格的插入操作，如图 5-64 所示。

**Step 08** 在绘图区中单击指定表格的插入点，即可插入 Excel 表格，如图 5-65 所示。

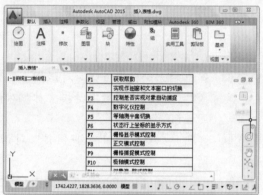

图 5-64 确认设置

图 5-65 插入 Excel 表格

# 本章小结

本章主要介绍了 AutoCAD 2015 文字和表格的知识。通过本章的学习，读者应重点掌握以下知识。

（1）学会文字样式和表格样式的创建及选择方法。

（2）能够熟练添加与编辑文字。

（3）能够熟练绘制及编辑表格。

# 本章习题

1. 在文本标注中进行查找与替换文本操作。

操作提示：

　　双击绘图区中的文本标注，显示文本编辑框，在"文字编辑器"选项卡下"工具"面板中单击"查找和替换"按钮，在弹出的"查找和替换"对话框中的"查找"文本框中输入原文本，在"替换为"文本框中输入要替换的内容，然后单击"全部替换"按钮，即可完成替换操作。

　　2. 将 Word 文档中的内容插入到 AutoCAD 2015 中。

操作提示：

　　将 Word 文档中的内容插入到 AutoCAD 2015 中，可使用插入 OLE 对象功能，具体操作方法如下。

　　（1）新建文件，单击"插入"|"OLE 对象"命令，如图 5-66 所示。

　　（2）弹出"插入对象"对话框，在"对象类型"列表框中选择"Microsoft Word 文档"选项，然后单击"确定"按钮，如图 5-67 所示。

图 5-66　单击"插入"|"OLE 对象"命令

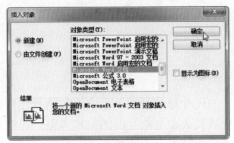

图 5-67　"插入对象"对话框

　　（3）启动 Word 应用程序，在打开的 Word 软件中输入文本内容并插入图片，如图 5-68 所示。

　　（4）设置完成后，关闭 Word 应用程序，此时在 CAD 绘图区中会显示相应的操作内容，如图 5-69 所示。

图 5-68　输入内容并插入图片

图 5-69　查看显示效果

# 第6章 尺寸标注的应用

【本章导读】

尺寸标注是向图纸中添加的测量注释，它是完整的设计图纸中不可缺少的部分。尺寸标注可以精确地反映图形对象各部分的大小及相关信息等，可根据尺寸标注指导施工。但在对图纸进行尺寸标注以及文字注释之前，需要对其进行设置，以符合相关的行业规范。本章将详细介绍尺寸标注的添加及其编辑方法。

【本章目标】

> ➢ 认识尺寸标注。
> ➢ 学会添加尺寸标注
> ➢ 学会多重引线标注。
> ➢ 学会创建引线标注。

## 6.1　尺寸标注

尺寸标注是向图形中添加测量注释的过程。向图形添加尺寸标注，可以真实而准确地反映其大小与相互间的位置关系。尺寸标注由多个元素组成，用户可以通过修改尺寸标注样式控制各个元素的格式与外观。尺寸标注可以分为线性标注、对齐标注、角度标注和圆类图形标注等类型。此外，还可以通过基线标注、连续标注等工具快速进行尺寸标注。

### 基本知识

尺寸标注是建筑制图与机械制图中重要的组成部分，主要用于表达图形的尺寸大小和位置关系，如图 6-1 所示。其主要由标注文字、尺寸线、尺寸延伸线和箭头等元素组成，如图 6-2 所示。

> ➢ **标注文字**：通常位于尺寸线的上方或中断处，用于表示特定对象的尺寸大小。在进行尺寸标注时，AutoCAD 会自动生成标注对象的尺寸值，也可以对所标注的值进行修改。
> ➢ **尺寸线**：通常是与所标注对象平行的直线，用于指示标注的方向和范围。但进行角度标注时，尺寸线是一段圆弧。
> ➢ **箭头**：位于尺寸线的两端，用于表明尺寸线的起始位置与终止位置。用户可以为箭头指定不同的尺寸和形状样式。
> ➢ **尺寸延伸线**：也称为投影线，从标注对象延伸到尺寸线，一般与尺寸线保持垂直，但在某些情况下也可以使尺寸界线倾斜。

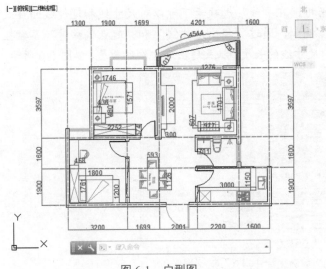

图 6-1　户型图

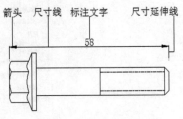

图 6-2　尺寸组成元素

## 实例 1　新建尺寸标注样式

　　用户可以基于默认的尺寸标注样式进行适当修改，也可以新建自己的尺寸标注样式，具体操作方法如下。

**Step 01**　打开"注释"面板，单击其中的"标注样式"按钮，如图 6-3 所示。

**Step 02**　弹出"标注样式管理器"对话框，在左侧"样式"列表框中选择默认标注样式，单击"修改"按钮对其进行修改，也可直接单击"新建"按钮，如图 6-4 所示。

图 6-3　单击"标注样式"按钮

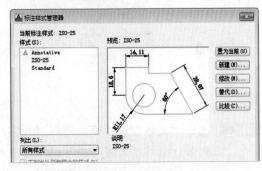

图 6-4　"标注样式管理器"对话框

**Step 03**　若单击"新建"按钮，将弹出"创建新标注样式"对话框。在文本框中输入新样式名称，指定基础样式及其他参数，然后单击"继续"按钮，如图 6-5 所示。

图 6-5　"创建新标注样式"对话框

**Step 04** 弹出"新建标注样式"对话框，在"线"选项卡下可以对尺寸线和延伸线的样式与其他相关参数进行设置。例如，通过"超出尺寸线"和"起点偏移量"参数控制尺寸延伸线从标注起点到尺寸线的长度，以及超出尺寸线的长度，如图 6-6 所示。

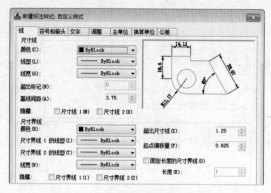

图 6-6　"新建标注样式"对话框

**Step 05** 选择"符号和箭头"选项卡，可以对箭头样式、圆心标记、折弯标注等参数进行设置。例如，设置箭头的样式为建筑标记样式，以便进行建筑图的尺寸标注，如图 6-7 所示。

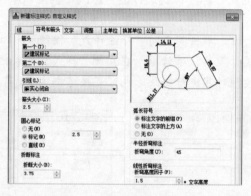

图 6-7　"符号和箭头"选项卡

**Step 06** 选择"文字"选项卡，可以对文字外观、文字位置与对齐方式等参数进行设置。例如，通过"文字对齐"选项区中的选项设置文字保持水平，如图 6-8 所示。

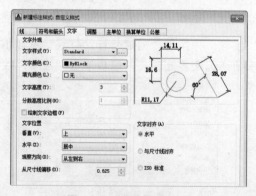

图 6-8　"文字"选项卡

Step **07**　选择"调整"选项卡，可以对尺寸标注中文字、箭头等元素的调整模式进行设置。例如，选中"手动放置文字"复选框，当尺寸界线之间没有足够空间放置文字时，可手动将其放置到其他位置，如图 6-9 所示。

Step **08**　选择"主单位"选项卡，可以对标注的单位、精度和比例因子等参数进行设置。例如，通过"精度"下拉列表设置不同的尺寸标注精度，如图 6-10 所示。

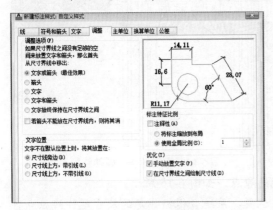

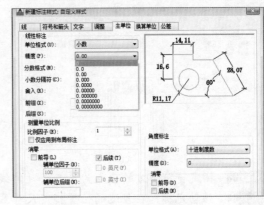

图 6-9　"调整"选项卡　　　　　　　图 6-10　"主单位"选项卡

Step **09**　选择"换算单位"选项卡，可以选中"显示换算单位"复选框，启用指定格式的换算单位，如图 6-11 所示。

Step **10**　选择"公差"选项卡，可以设置公差格式与对齐方式等参数，设置完毕后单击"确定"按钮即可，如图 6-12 所示。

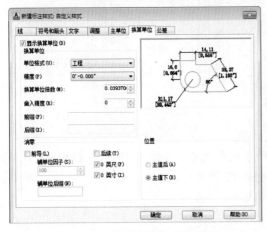

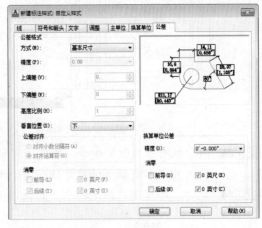

图 6-11　"换算单位"选项卡　　　　　图 6-12　"公差"选项卡

## 实例2　创建线性标注

　　线性标注可以水平、垂直或对齐方式放置。在创建线性标注时，可以修改文字内容、文字角度或尺寸线的角度，可以仅使用指定的位置或对象的水平或垂直部分来创建标注，程序将根据指定的尺寸延伸线原点或选择对象的位置自动应用水平或垂直标注；也可以将标注指定为水平或垂直标注。

　　下面将通过实例对线性标注的创建方法进行介绍，具体操作方法如下。

**Step 01** 打开素材文件"线性标注.dwg",单击"注释"面板中的"线性"按钮,如图 6-13 所示。

**Step 02** 指定窗帘上方的顶点为第一条延伸线的原点,如图 6-14 所示。

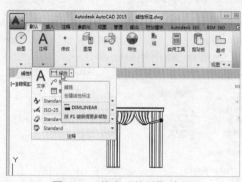

图 6-13 单击"线性"按钮

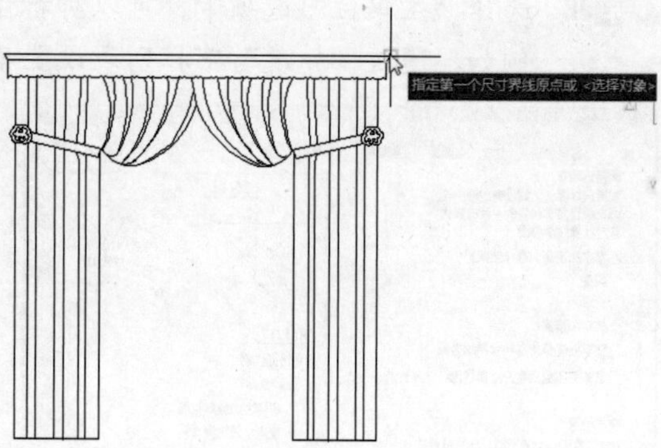

图 6-14 指定第一条延伸线原点

**Step 03** 指定窗帘下方的顶点为第二条延伸线的原点,如图 6-15 所示。

**Step 04** 移动光标,在合适的位置指定尺寸线位置,系统会根据指定的尺寸延伸线原点自动应用垂直标注,如图 6-16 所示。

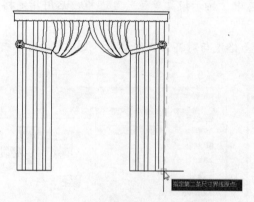

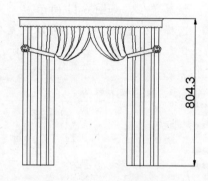

图 6-15 指定第二条延伸线原点

图 6-16 指定尺寸线位置

**Step 05** 再次执行"线性"命令,指定同样的两个延伸线原点,输入 H 并按【Enter】键确认,指定水平标注的尺寸线位置,如图 6-17 所示。

**Step 06** 此时,即可创建指定的水平标注,如图 6-18 所示。

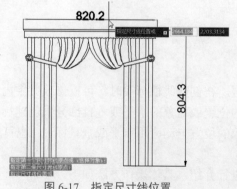

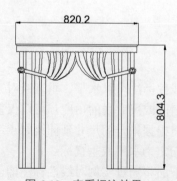

图 6-17 指定尺寸线位置

图 6-18 查看标注效果

## 实例 3　创建对齐标注

通过"对齐"工具可以创建与指定位置或对象平行的标注。在对齐标注中，尺寸线平行于尺寸延伸线原点连成的直线。下面对如何创建对齐标注进行介绍，具体操作方法如下。

**Step 01** 打开素材文件"对齐标注.dwg"，单击"注释"面板中的"线性"下拉按钮，在弹出的下拉列表中选择"对齐"命令，如图 6-19 所示。

**Step 02** 指定正六边形右上角的顶点为第一条延伸线原点，如图 6-20 所示。

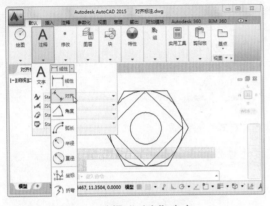
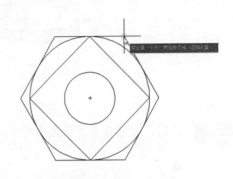

图 6-19　选择"对齐"命令　　　　图 6-20　指定第一条延伸线原点

**Step 03** 指定正六边形右侧的顶点为第二条延伸线原点，如图 6-21 所示。

**Step 04** 移动光标，指定对齐标注的尺寸线位置，即可在指定位置创建对齐标注，如图 6-22 所示。

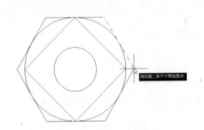
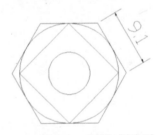

图 6-21　指定第二条延伸线原点　　　　图 6-22　创建对齐标注

**Step 05** 若希望修改对齐标注的文字方向，可以通过修改标注样式来实现。单击"注释"下拉按钮，在弹出的"注释"面板中单击"标注样式"按钮，如图 6-23 所示。

**Step 06** 弹出"标注样式管理器"对话框，在"样式"列表中选择一种样式，然后单击"修改"按钮，如图 6-24 所示。

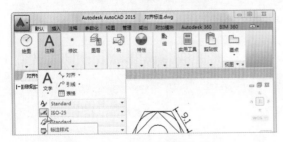
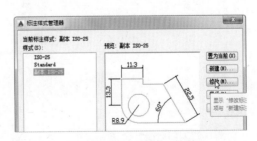

图 6-23　单击"标注样式"按钮　　　　图 6-24　"标注样式管理器"对话框

**Step 07** 弹出"修改标注样式"对话框，选择"文字"选项卡，在"文字对齐"选项区中选中"水平"单选按钮，然后单击"确定"按钮，如图 6-25 所示。

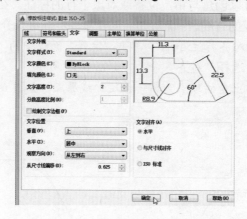

图 6-25　"修改标注样式"对话框

**Step 08** 此时，即可查看更改文字对齐方式后的对齐标注，如图 6-26 所示。

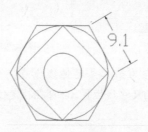

图 6-26　查看标注效果

## 实例 4　创建连续标注

通过"连续"工具可以基于现有尺寸标注的延伸线处快速创建连续标注，具体操作方法如下。

**Step 01** 打开素材文件"连续标注.dwg"，执行"线性"命令，在图形右侧创建一个线性标注，如图 6-27 所示。

**Step 02** 选择"注释"选项卡，单击"标注"面板中的"连续"按钮，如图 6-28 所示。

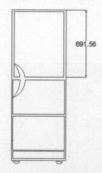

图 6-27　创建线性标注

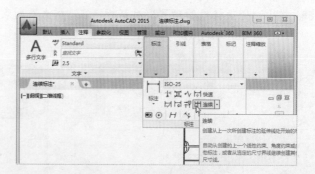

图 6-28　单击"连续"按钮

**Step 03** 通过端点对象捕捉指定连续标注第二条延伸线的原点，如图 6-29 所示。

**Step 04** 采用同样的方法，依次捕捉其他端点，从而创建连续标注，如图 6-30 所示。

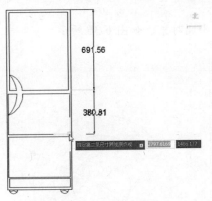

图 6-29 指定延伸线原点

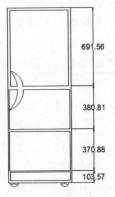

图 6-30 创建连续标注

## 实例 5 直径、半径与圆弧标注

通过"半径"工具、"直径"工具以及"弧长"工具可以对圆或圆弧等图形添加尺寸标注，具体操作方法如下。

**Step 01** 单击"注释"面板中的"线性"下拉按钮，在弹出的下拉菜单中选择"直径"命令，如图 6-31 所示。

**Step 02** 在绘图区中单击选择需要标注的大圆对象，如图 6-32 所示。

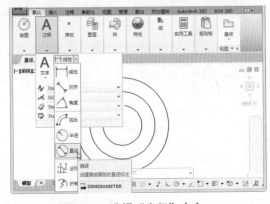

图 6-31 选择"直径"命令

图 6-32 选择大圆对象

**Step 03** 移动光标到合适位置，指定尺寸线的位置，如图 6-33 所示。

**Step 04** 此时，即可在指定位置创建该圆的直径标注，如图 6-34 所示。

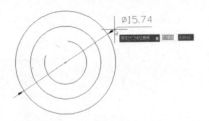

图 6-33 指定尺寸线位置

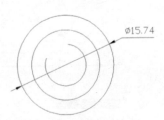

图 6-34 创建直径标注

**Step 05** 单击"注释"面板中的"线性"下拉按钮，在弹出的下拉菜单中选择"半径"命令，如图 6-35 所示。

**Step 06** 在绘图区中单击选择需要标注的中间的小圆对象，如图 6-36 所示。

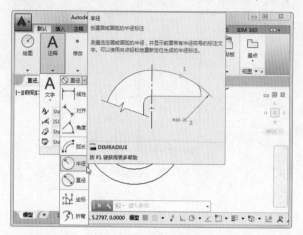

图 6-35 选择"半径"命令

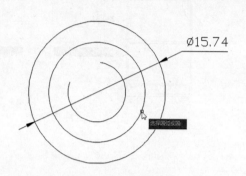

图 6-36 选择小圆对象

**Step 07** 移动光标，指定尺寸线位置，从而创建该圆的半径标注，如图 6-37 所示。

**Step 08** 单击"注释"面板中的"线性"下拉按钮，在弹出的下拉菜单中选择"弧长"命令，如图 6-38 所示。

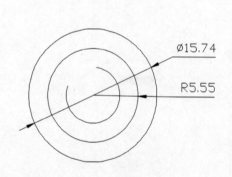

图 6-37 创建半径标注

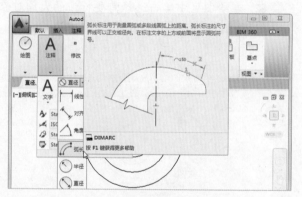

图 6-38 选择"弧长"命令

**Step 09** 在绘图区中单击选择需要标注的圆弧对象，如图 6-39 所示。

**Step 10** 移动光标，指定尺寸线位置，即可创建弧长标注，如图 6-40 所示。

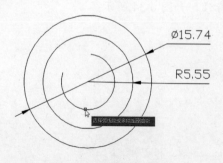

图 6-39 选择圆弧对象

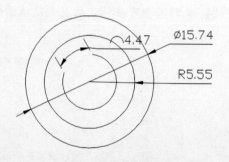

图 6-40 创建弧长标注

### 实例6　创建角度标注

下面将通过实例介绍如何创建角度标注，具体操作方法如下。

**Step 01** 打开素材文件"角度标注.dwg"，单击"注释"面板中的"线性"下拉按钮，在弹出的下拉菜单中选择"角度"命令，如图6-41所示。

**Step 02** 在图形中单击选择要测量角度的一边，如图6-42所示。

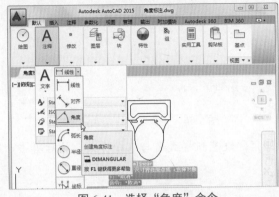

图6-41　选择"角度"命令

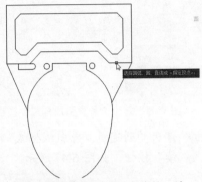

图6-42　选择要测量角度的一边

**Step 03** 在图形中单击选择要测量角度的另一边，如图6-43所示。

**Step 04** 向左侧移动光标，单击指定标注弧线位置，即可为指定角创建角度标注，如图6-44所示。

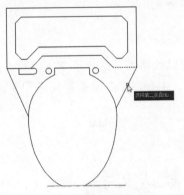

图6-43　选择要测量角度的另一边

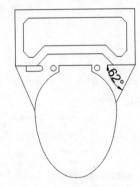

图6-44　创建角度标注

## 6.2　多重引线标注

引线对象即一端为箭头，另一端为多行文字对象或块的直线或样条曲线。多重引线对象可以包含多条引线，用于在图形关键位置标注出所需的信息。

### 实例1　新建引线样式

多重引线对象包含箭头、可选水平基线、引线或曲线，以及多行文字对象或块等多个元素。用户可以基于默认的多重引线样式进行适当修改，也可以创建新的多重引线样式，具体操作方法如下。

中文版 AutoCAD 2015 实例教程

**Step 01** 在"默认"选项卡下"注释"面板中单击"多重引线样式"按钮 ，如图 6-45 所示。

**Step 02** 弹出"多重引线样式管理器"对话框，单击"新建"按钮，如图 6-46 所示。

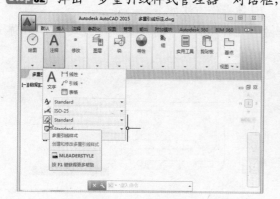

图 6-45  单击"多重引线样式"按钮

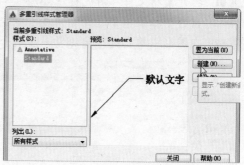

图 6-46  "多重引线样式管理器"对话框

**Step 03** 弹出"创建新多重引线样式"对话框，设置新样式名与基础样式，然后单击"继续"按钮，如图 6-47 所示。

图 6-47  设置新样式名与基础样式

**Step 04** 弹出"修改多重引线样式"对话框，在"引线格式"选项卡下可以对引线类型、颜色、线型、箭头符号等进行自定义设置。例如，可以设置箭头符号样式与大小，如图 6-48 所示。

图 6-48  "修改多重引线样式"对话框

**Step 05** 选择"引线结构"选项卡，可以对最大引线点数、比例等进行自定义设置，如图 6-49 所示。

**Step 06** 选择"内容"选项卡，可以对多重引线类型、文字样式和引线连接等进行自定义设置，设置完毕后单击"确定"按钮即可，如图 6-50 所示。

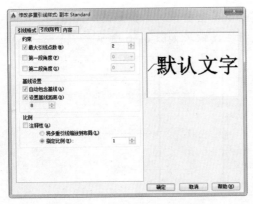
图 6-49 "引线结构"选项卡

图 6-50 "内容"选项卡

## 实例2 多重引线标注

下面将通过实例介绍如何创建多重引线对象，具体操作方法如下。

**Step 01** 打开素材文件"多重引线标注.dwg"，打开"注释"面板，单击其中的"引线"按钮，如图 6-51 所示。

**Step 02** 在图形中单击指定引线箭头位置，如图 6-52 所示。

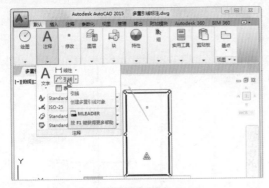
图 6-51 单击"引线"按钮

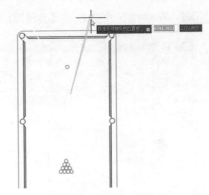
图 6-52 指定引线箭头位置

**Step 03** 启用状态栏正交模式，向右移动光标，延伸出一段引线，如图 6-53 所示。也可以直接按住【Shift】键，暂时性启用正交模式。

**Step 04** 单击显示文字输入框，输入所需的文字，如图 6-54 所示。

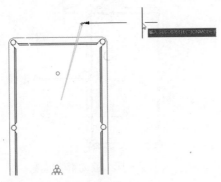
图 6-53 延伸出一段引线

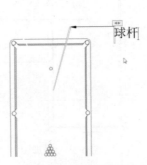
图 6-54 输入文字

**Step 05** 在空白位置单击鼠标左键，即可创建一段多重引线对象，如图 6-55 所示。
**Step 06** 采用同样的方法，创建其他多重引线标注，效果如图 6-56 所示。

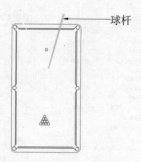

图 6-55　创建多重引线

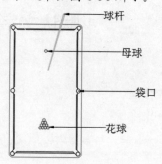

图 6-56　创建其他多重引线

## 实例 3　编辑引线标注

当创建多重引线标注后，可以进行添加与删除引线、对齐引线标注等操作，具体操作方法如下。

**Step 01** 打开素材文件"编辑引线标注.dwg"，打开"注释"面板，单击"引线"下拉按钮，在弹出的下拉菜单中选择"添加引线"命令，如图 6-57 所示。
**Step 02** 在绘图区中选择要添加引线的多重引线对象，如图 6-58 所示。

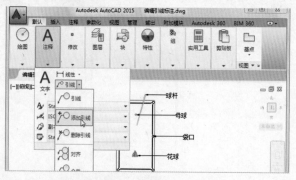

图 6-57　选择"添加引线"命令

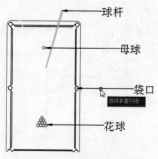

图 6-58　选择多重引线

**Step 03** 依次在图形上所需的位置单击鼠标左键，即可添加引线，如图 6-59 所示。
**Step 04** 选择最上方的引线标注，通过改变其夹点位置移动引线标注，如图 6-60 所示。

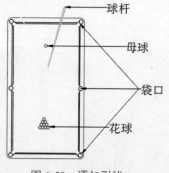

图 6-59　添加引线

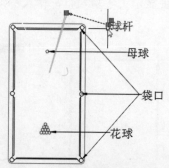

图 6-60　移动引线标注

**Step 05** 单击"注释"面板中的"引线"下拉按钮，在弹出的下拉菜单中选择"对齐"命令，如图 6-61 所示。

**Step 06** 选择要对齐的多重引线对象，然后按【Enter】键确认选择，如图 6-62 所示。

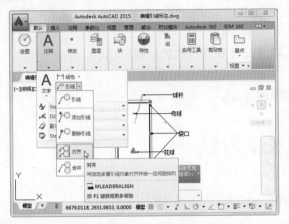

图 6-61　选择"对齐"命令

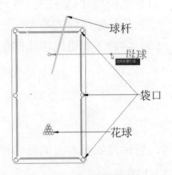

图 6-62　选择多重引线

**Step 07** 选择其上方的多重引线对象，作为要对齐到的参照对象，如图 6-63 所示。

**Step 08** 移动光标，指定对齐方向，如图 6-64 所示。

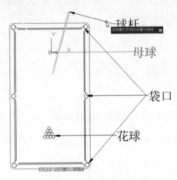

图 6-63　选择参照对象

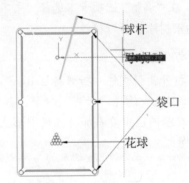

图 6-64　指定对齐方向

**Step 09** 此时，即可对齐多重引线对象，如图 6-65 所示。

**Step 10** 采用同样的方法，对齐其他对象即可，效果如图 6-66 所示。

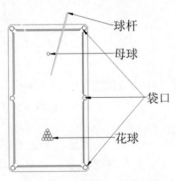

图 6-65　对齐多重引线对象

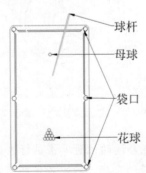

图 6-66　对齐其他对象

# 本章小结

本章主要介绍了 AutoCAD 2015 尺寸标注的知识。通过本章的学习，读者应重点掌握以下知识。

（1）认识尺寸标注的组成元素，以及尺寸标注样式的创建方法。

（2）能够熟练添加各类标注。

（3）学会多重引线样式的创建及编辑方法。

# 本章习题

1. 当标注太多太密集时，将叠加在一起的标注数值分散开。

操作提示：

在标注高度值不变小的情况下，在密集的标注中往往标注的数值会重叠在一起。此时可以选中标注夹点，移动夹点改变标注位置；还可以打开"标注样式管理器"对话框，修改标注样式，在"调整"选项卡下选择"文字位置"选项区中的"尺寸线上方，带引线"命令。

2. 为素材添加折弯标注。

操作提示：

（1）打开素材文件"折弯标注.dwg"，单击"注释"面板中的"线性"下拉按钮，在弹出的下拉列表中选择"折弯"命令，如图 6-67 所示。

（2）在绘图区中要添加标注的图形上单击鼠标左键，选择指定圆弧，如图 6-68 所示。

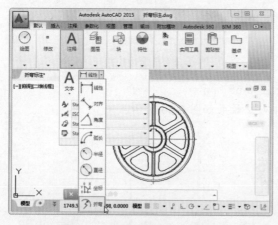

图 6-67 选择"折弯"命令

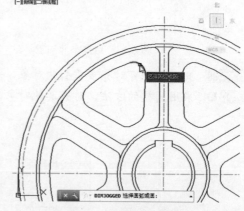

图 6-68 选择指定圆弧

（3）在合适的位置单击鼠标左键，指定圆弧中心的替代位置，如图 6-69 所示。

（4）移动光标，依次指定折弯标注的尺寸线位置和折弯位置，即可在指定位置创建一个折弯标注，如图 6-70 所示。

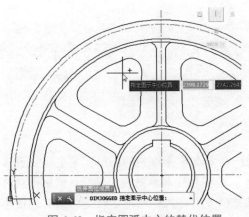

图 6-69　指定圆弧中心的替代位置

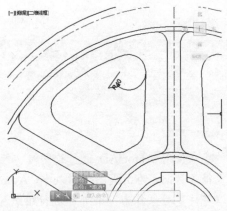

图 6-70　创建折弯标注

# 第7章 图块、外部参照及设计中心的应用

【本章导读】

在使用 AutoCAD 进行绘图时，经常会遇到一些需要重复绘制的图形。重复绘制会浪费很多时间，为了提高绘图效率，AutoCAD 提供了图块和外部参照两大功能。使用图块可以将许多对象作为一个部件进行组织和操作，且可以多次插入；外部参照是把已有的图形文件以参照的形式插入到当前图形中；通过设计中心可以很方便地对图块、外部参照等进行管理。

【本章目标】

➢ 认识 AutoCAD 中的图块。
➢ 学会创建与编辑图块。
➢ 学会编辑与管理块属性。
➢ 学会应用外部参照。
➢ 学会应用设计中心。

# 7.1 创建与编辑图块

将一些经常需要重复使用的对象组合在一起，形成一个块对象，并按指定的名称保存起来，以后可以随时将它插入到绘图区的图形中，而不必进行重新绘制，比如在绘制大量相同的门、窗等图形时，即可创建图块。本任务主要是认识图块。

在创建一个块后，AutoCAD 将该块存储在图形数据库中，之后可以根据需要多次插入同一个块，不但节省了大量的绘图时间，而且插入块并不是对块进行复制，而只是根据一定的位置、比例和旋转角度来重复引用，因此降低了数据量。

在 AutoCAD 2015 中，可以将块存储为一个独立的图形文件，即外部块。这样可以随时将某个图形文件作为块插入到自己的图形中，不必重新进行创建。可以将不同图层、颜色等特性的对象组合成一个单独、完整的对象来操作，对其进行复制、移动、旋转和缩放等一系列操作。在后面的任务中，将详细介绍如何创建与编辑图块，以及如何编辑与管理块属性。

通过创建图块对象可以将常用对象组合在一起，存储到 AutoCAD 的图形数据库中，从而便于调用。使用图块不但可以节省用户的绘图时间，还能提高 AutoCAD 的运行效率，降低图形的数据量。

实例 1　创建块

图块包含块名、一个或多个对象、基点坐标值等属性。通过"创建块"工具创建的图

块为内部图块，只能在已打开的图形文件中使用，而无法在其他图形文件中使用。

下面将通过实例介绍如何创建块，具体操作方法如下。

**Step 01** 打开素材文件"创建块.dwg"，单击"插入"选项卡下"块定义"面板中的"创建块"按钮，如图 7-1 所示。

**Step 02** 弹出"块定义"对话框，在"名称"文本框中输入名称，然后单击"选择对象"按钮，如图 7-2 所示。

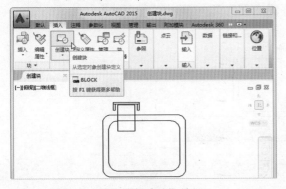

图 7-1　单击"创建块"按钮　　　　图 7-2　"块定义"对话框

**Step 03** 使用窗交模式框选需要创建为块的对象，按【Enter】键确认，如图 7-3 所示。

**Step 04** 返回"块定义"对话框，单击"拾取点"按钮，如图 7-4 所示。

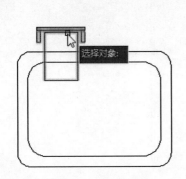

图 7-3　选择对象　　　　　　　图 7-4　单击"拾取点"按钮

**Step 05** 移动光标到图形中所需的位置，指定图块对象的插入基点，如图 7-5 所示。

**Step 06** 返回"块定义"对话框，设置块单位，以及是否允许分解等其他参数，然后单击"确定"按钮，即可将所选对象创建为图块对象，效果如图 7-6 所示。

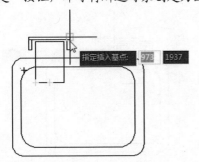

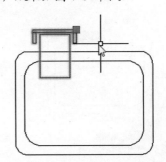

图 7-5　指定插入基点　　　　　　图 7-6　创建图块对象

### 实例 2　存储块

　　存储块也称写块，是将某个图形对象转换为块参照，并将其存储为图形文件，从而方便在其他图形文件中随时调用。存储块的具体操作方法如下。

**Step 01** 打开素材文件"存储块.dwg"，在命令窗口中输入命令 WBLOCK，并按【Enter】键确认，如图 7-7 所示。

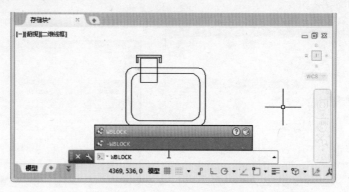

图 7-7　输入 WBLOCK 命令

**Step 02** 打开"写块"对话框，在"对象"选项区中单击"选择对象"按钮，如图 7-8 所示。

图 7-8　单击"选择对象"按钮

**Step 03** 在图形中选择要写为块的对象，按【Enter】键确认选择，如图 7-9 所示。

**Step 04** 返回"写块"对话框，单击"拾取点"按钮，在绘图区中指定写块对象的插入基点，如图 7-10 所示。

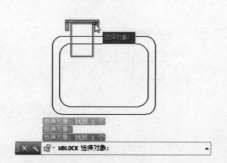

图 7-9　选择对象

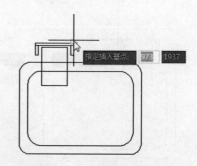

图 7-10　指定插入基点

Step **05** 返回"写块"对话框，单击 按钮，弹出"浏览图形文件"对话框。设置文件名和路径，然后单击"保存"按钮，如图7-11所示。

Step **06** 返回"写块"对话框，设置各项参数，然后单击"确定"按钮即可，如图7-12所示。

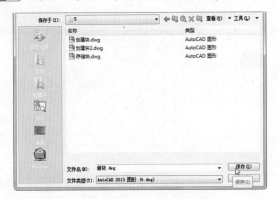

图7-11　"浏览图形文件"对话框　　　　图7-12　"写块"对话框

## 实例3　插入块

下面将通过实例介绍如何插入块到指定位置，具体操作方法如下。

Step **01** 打开素材文件"插入块.dwg"，然后单击"块"面板中的"插入"按钮，如图7-13所示。

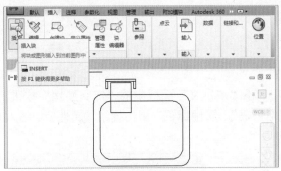

图7-13　单击"插入"按钮

Step **02** 弹出"插入"对话框，在"名称"下拉列表框中选择"餐椅"块，然后单击"确定"按钮，如图7-14所示。

图7-14　"插入"对话框

**Step 03** 在图形上指定图块的插入点，如图 7-15 所示。

**Step 04** 这时，即可将指定的图块插入到图形中，如图 7-16 所示。

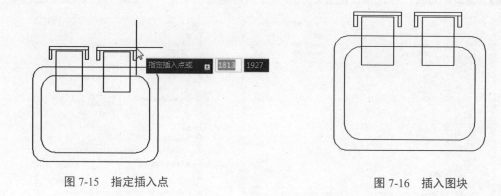

图 7-15　指定插入点　　　　　　　　　　　　　图 7-16　插入图块

# 7.2　编辑与管理块属性

块属性是将数据附着在块上的标签或标记，例如，零件编号、相关注释等数据可以添加到属性中。标记相当于数据库表中的列名。本任务将详细介绍如何管理块属性，以及如何使用块编辑器。

## 基本知识

### 一、块属性的特点

单击"插入"选项卡下"块定义"面板中的"定义属性"按钮，弹出"属性定义"对话框，从中可以定义属性模式、属性标记、属性提示、属性值、插入点和属性的文字设置，如图 7-17 所示。

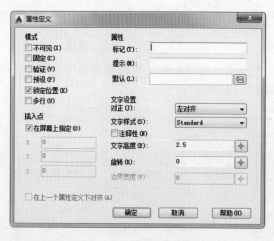

图 7-17　"属性定义"对话框

在"模式"选项区中可以设置与块关联的不同属性值，其中：

➢ **不可见**：选中此复选框后，在插入块时不显示。

> **固定：** 选中此复选框后，在插入块时赋予属性固定值。
> **验证：** 选中此复选框后，插入块时提示验证属性值是否正确。
> **预设：** 选中此复选框后，插入包含预设属性值的块时，将属性设置为默认值。
> **锁定位置：** 选中此复选框后，锁定块参照中属性的位置，无法对其进行调整。
> **多行：** 选中此复选框后，属性值可以包含多行文字，可以指定属性的边界宽度。
> 在"属性"选项区中可以设置属性数据，其中：
> **标记：** 该文本框用于标识图形中每次出现的属性，可使用任何字符组合（空格除外）输入属性标记，小写字母会自动转换为大写字母。
> **提示：** 该文本框用于指定在插入包含该属性定义的块时显示的提示。如果不输入提示，属性标记将用作提示。
> **默认：** 该文本框用于指定默认值。

### 二、块编辑器

块编辑器是专门用于创建块定义并添加动态行为的编写区域。单击"插入"选项卡下"块定义"面板中的"块编辑器"按钮，即可打开"编辑块定义"对话框，如图 7-18 所示。

图 7-18　"编辑块定义"对话框

在"要创建或编辑的块"文本框中可以指定要在块编辑器中编辑或创建的块的名称。

"名称"列表框用于显示保存在当前图形中的块定义的列表，从该列表中选择某个块定义后，其名称将显示在文本框中。

通过"名称"列表框选择某个块定义并单击"确定"按钮后，此块定义将在块编辑器中打开。通过块编辑器可以快速访问块编写工具，添加各种约束、参数、动作和定义块属性，如图 7-19 所示。

图 7-19　块编辑器

用户可以向现有的块定义中添加动态行为，如图 7-20 所示。参数和动作仅显示在块编辑器中。添加动态定义后，可以通过夹点轻松地对块进行各种操作。

| 参数类型 | 夹点类型 | | 可与参数关联的动作 |
|---|---|---|---|
| 点 | ■ | 标准 | 移动、拉伸 |
| 线性 | ▷ | 线性 | 移动、缩放、拉伸、阵列 |
| 极轴 | ■ | 标准 | 移动、缩放、拉伸、极轴拉伸、阵列 |
| XY | ■ | 标准 | 移动、缩放、拉伸、阵列 |
| 旋转 | ● | 旋转 | 旋转 |
| 翻转 | ⇦ | 翻转 | 翻转 |
| 对齐 | ▷ | 对齐 | 无（此动作隐含在参数中。） |
| 可见性 | ▽ | 查寻 | 无（此动作是隐含的，并且受可见性状态的控制。） |
| 查寻 | ▽ | 查寻 | 查寻 |
| 基点 | ■ | 标准 | 无 |

图 7-20　添加动态行为

### 实例 1　创建块属性

下面将通过实例介绍如何创建块属性，具体操作方法如下。

**Step 01** 打开素材文件"块属性的特点.dwg"，单击"插入"选项卡下"块定义"面板中的"定义属性"按钮，如图 7-21 所示。

**Step 02** 弹出"属性定义"对话框，分别在"标记"和"提示"文本框中输入所需的文本，设置文字高度为 100，然后单击"确定"按钮，如图 7-22 所示。

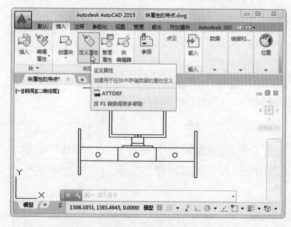

图 7-21　单击"定义属性"按钮

图 7-22　"属性定义"对话框

**Step 03** 在绘图区中的图形指定位置指定属性起点，即可在指定位置创建一个块属性，如图 7-23 所示。

**Step 04** 打开"块定义"对话框，单击"选择对象"按钮，选择创建的属性和电视图块，如图 7-24 所示。

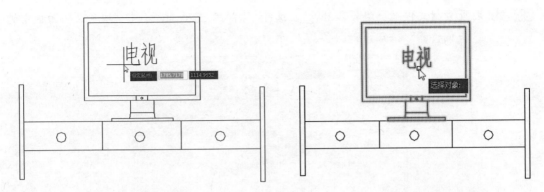

图 7-23　创建块属性　　　　　　　　　　　　图 7-24　选择图块与属性

Step 05　按【Enter】键确认，返回"块定义"对话框。输入图块名称，单击"确定"按钮，弹出"编辑属性"对话框，输入属性值，然后单击"确定"按钮，如图 7-25 所示。

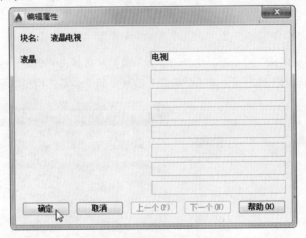

图 7-25　"编辑属性"对话框

Step 06　此时，即可将属性与图块相关联，如图 7-26 所示。

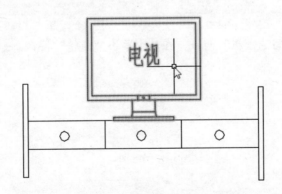

图 7-26　关联属性与图块

实例 2　运用块编辑器添加动态行为

　　下面将通过实例介绍如何通过块编辑器添加动态行为，具体操作方法如下。

**Step 01** 打开素材文件"块编辑器.dwg",选择"插入"选项卡,单击"块定义"面板中的"块编辑器"按钮,如图 7-27 所示。

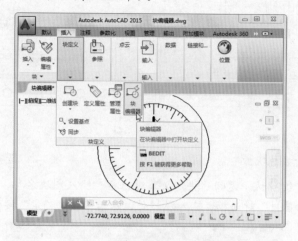

图 7-27 单击"块编辑器"按钮

**Step 02** 弹出"编辑块定义"对话框,选择"秒针"块,然后单击"确定"按钮,如图 7-28 所示。

**Step 03** 选择"块编辑器"选项卡,单击"管理"面板中的"编写选项板"按钮,如图 7-29 所示。

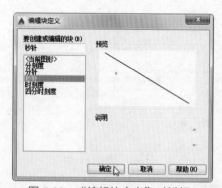

图 7-28 "编辑块定义"对话框

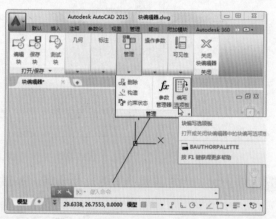

图 7-29 单击"编写选项板"按钮

**Step 04** 弹出"块编写选项板"面板,在其中单击"旋转"按钮,如图 7-30 所示。

图 7-30 单击"旋转"按钮

**Step 05** 指定直线的一个端点为旋转基点，如图 7-31 所示。

**Step 06** 捕捉直线的另一个端点，指定参数半径，如图 7-32 所示。

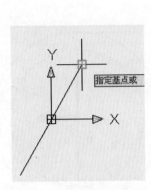

图 7-31　指定旋转基点

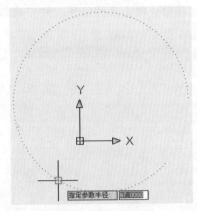

图 7-32　指定参数半径

**Step 07** 通过移动光标或输入数值指定旋转角度，如图 7-33 所示。

**Step 08** 这时，即可为块定义指定旋转参数，如图 7-34 所示。

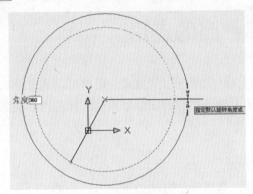

图 7-33　指定旋转角度

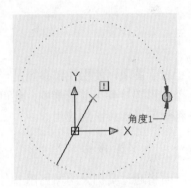

图 7-34　指定旋转参数

**Step 09** 单击"操作参数"面板中的"移动"下拉按钮，在弹出的下拉列表中选择"旋转"命令，如图 7-35 所示。

**Step 10** 选择动作参数，选择添加动作对象，并按【Enter】键确认选择，如图 7-36 所示。

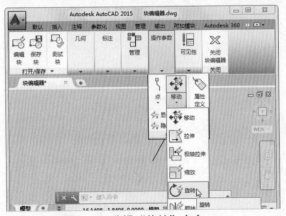

图 7-35　选择"旋转"命令

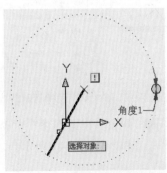

图 7-36　选择添加动作对象

**Step 11** 单击"打开/保存"面板中的"保存块"按钮，如图 7-37 所示。

**Step 12** 关闭块编辑器，返回绘图区。选中添加动作的图形，在其上将会出现旋转夹点，通过移动旋转夹点的位置，即可旋转块，如图 7-38 所示。

图 7-37 单击"保存块"按钮

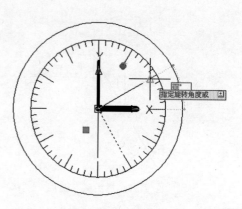

图 7-38 旋转块

## 7.3 外部参照的应用

相对于图块，使用外部参照是一种更为灵活的图形引用方式。用户可以通过外部参照将多个图形链接到当前图形中，还可以使作为外部参照的图形与原图形保持同步更新。本任务将学习外部参照的应用。

### 实例 1 附着外部参照

下面将通过实例介绍如何附着外部参照，具体操作方法如下。

**Step 01** 选择"插入"选项卡，单击"参照"面板中的"附着"按钮，如图 7-39 所示。

**Step 02** 弹出"选择参照文件"对话框，选择要附着的图片文件，然后单击"打开"按钮，如图 7-40 所示。

图 7-39 单击"附着"按钮

图 7-40 "选择参照文件"对话框

**Step 03** 弹出"附着图像"对话框，设置插入点和缩放比例等参数，然后单击"确定"按钮，如图 7-41 所示。

**Step 04** 在绘图区中的适当位置指定插入点与缩放比例因子，即可将所选图片作为外部参照附着到图形中，如图7-42所示。

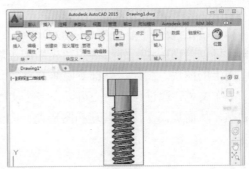

图7-41　"附着图像"对话框　　　　　　图7-42　查看图形效果

## 实例2　裁剪外部参照

当附着外部参照后，可以对其边界进行剪裁，或调整其亮度与对比度等参数，具体操作方法如下。

**Step 01** 打开素材文件"裁剪外部参照.dwg"，单击外部参照对象，选择"图像"选项卡，单击"剪裁"面板中的"创建剪裁边界"按钮，如图7-43所示。

**Step 02** 依次在图形中的适当位置单击鼠标左键，指定对角点，从而创建剪裁边界，如图7-44所示。

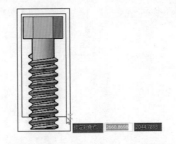

图7-43　单击"创建剪裁边界"按钮　　　　图7-44　创建剪裁边界

**Step 03** 此时，即可按所创建的边界剪裁外部参照对象，如图7-45所示。

**Step 04** 再次单击外部参照对象，选择"图像"选项卡，通过拖动"调整"面板中的调节滑块调整参照对象的亮度和对比度，如图7-46所示。

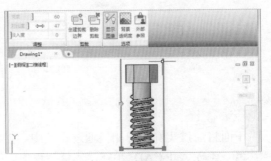

图7-45　查看设置效果　　　　　　　图7-46　调整亮度和对比度

# 7.4　设计中心的应用

AutoCAD 设计中心（AutoCAD Design Center，简称 ADC）类似于 Windows 的资源管理器，可以管理图块、外部参照和光栅图像等文件，还可以将位于本地计算机、局域网或互联网上的图块、图层、外部参照等文件复制并粘贴到当前绘图区中。如果在绘图区中打开了多个文档，通过设计中心可以在多个文档之间通过简单的拖放操作来实现图形的复制和粘贴，从而提高了图形管理和图形设计的工作效率。

**实例 1　设计中心选项板**

通过单击"视图"选项卡下"选项板"面板中的"设计中心"按钮，即可打开设计中心窗口。"设计中心"窗口可以分为两部分，左边窗格为树状图，右边窗格为内容区、预览区以及说明区，如图 7-47 所示。

用户可以通过树状列表依次打开文件夹，找到要加载的文件；通过右边窗格的内容区查看内容，或将项目添加到图形或工具选项板中；通过预览区和说明区显示选定图形文件的预览或说明信息。

在设计中心窗口的顶部工具栏中提供了若干工具，可用于加载图形、搜索文件、打开主页、切换视图等操作。

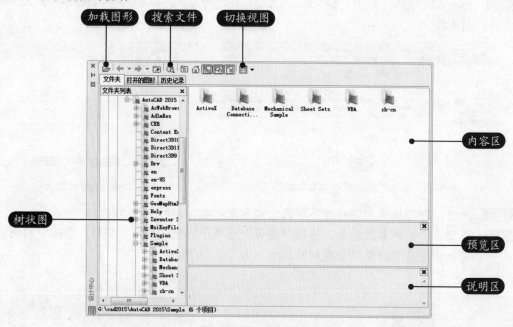

图 7-47　设计中心窗口

**实例 2　插入设计中心内容**

下面将通过实例介绍如何通过设计中心搜索所需的图形文件，具体操作方法如下。

**Step 01** 启动 AutoCAD 2015，选择"视图"选项卡，单击"选项板"面板中的"设计中心"按钮，如图 7-48 所示。

**Step 02** 弹出"设计中心"面板，单击工具栏上的"搜索"按钮图，如图7-49所示。

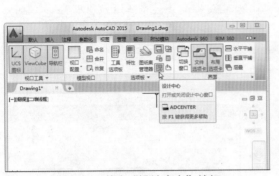

图7-48　单击"设计中心"按钮　　　　　图7-49　"设计中心"面板

**Step 03** 弹出"搜索"对话框，单击"搜索"下拉按钮，在弹出的下拉列表中选择搜索类型，然后单击"浏览"按钮，如图7-50所示。

**Step 04** 弹出"浏览文件夹"对话框，设置文件搜索范围，然后单击"确定"按钮，如图7-51所示。

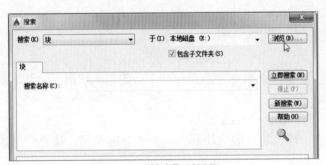

图7-50　"搜索"对话框　　　　　图7-51　"浏览文件夹"对话框

**Step 05** 返回"搜索"对话框，在"搜索名称"文本框中输入要搜索的关键词，然后单击"立即搜索"按钮，如图7-52所示。

**Step 06** 此时，即可搜索到与关键词相关的对象。右击其名称选项，在弹出的快捷菜单中选择"加载到内容区中"命令，如图7-53所示。

图7-52　输入搜索关键词　　　　　图7-53　选择"加载到内容区中"命令

**Step 07** 此时，可以将该图形对象添加到内容区中。右击对象对应图标，可以选择插入图块、编辑图块等操作，如选择"插入块"命令，如图 7-54 所示。

**Step 08** 弹出"插入"对话框，设置插入点和比例等参数，然后单击"确定"按钮，插入图块即可，如图 7-55 所示。

图 7-54　选择"插入块"命令

图 7-55　"插入"对话框

# 本章小结

本章主要介绍了 AutoCAD 2015 中图块、外部参照及设计中心的相关知识。通过本章的学习，读者应重点掌握以下知识。

（1）了解 AutoCAD 2015 中图块和设计中心的功能。

（2）熟练掌握创建块、存储块、插入块、编辑块属性、附着外部参照、裁剪外部参照及插入设计中心内容的方法。

# 本章习题

1. 设置在一个图块上显示多个夹点。

操作提示：

若希望在一个图块上显示多个编辑夹点，可以单击"应用程序"下拉按钮，在弹出的下拉列表中单击"选项"按钮，通过弹出的"选项"对话框中的"选择集"选项卡下的"夹点"选项区来设置在块中启用夹点数目。

2. 快速显示出图形文件中的所有参照图块。

操作提示：

若想实现此目的，需要使用外部参照管理器，该程序可以检查图形文件可能附着的任何文件。

（1）单击"开始"菜单，单击"所有程序"按钮，选择 Autodesk |"AutoCAD 2015-简体中文"|"参照管理器"命令，如图 7-56 所示。

（2）在打开的"参照管理器"窗口中单击"添加图形"按钮添加图形文件，如图 7-57 所示。

图 7-56　选择"参照管理器"命令

图 7-57　"参照管理器"窗口

（3）弹出"参照管理器 - 添加外部参照"对话框，选择"自动添加所有外部参照，而不管嵌套级别"选项，如图 7-58 所示。

（4）此时，在"参照管理器"窗口中将自动显示出该图形的所有参照图块，如图 7-59 所示。

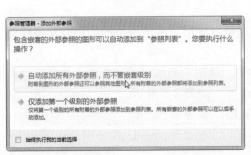

图 7-58　"参照管理器 - 添加外部参照"对话框

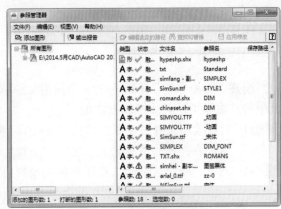

图 7-59　显示所有参照图块

# 第 8 章  三维图形的绘制

## 【本章导读】

AutoCAD 2015 不仅具有强大的二维绘图功能，其在三维建模方面的功能也非常强大。三维造型能够直观地反映物体的外观，是大多数设计的基本要求。本章将学习三维绘图的基础知识、简单的三维图形的绘制方法以及三维图形之间的简单处理方法。

## 【本章目标】

➢  了解 AutoCAD 2015 三维绘图的基础知识。
➢  熟练掌握基本三维图形的绘制方法。
➢  学会将二维图形转换为三维图形。
➢  能够灵活运用布尔运算的三种方式。

# 8.1  三维绘图基础

在进行三维绘图之前，需要对三维视图进行设置，并认识三维坐标系及动态 UCS。

## 实例 1  设置三维视图

通过"三维导航"下拉列表中的预定义选项，可以使用户从多种不同的角度观察绘图区中的三维模型，具体操作方法如下。

Step 01  打开素材文件"设置三维视图.dwg"，单击"视图"面板中的"三维导航"下拉按钮，在弹出的下拉列表中选择"俯视"命令，如图 8-1 所示。

Step 02  此时，绘图区中的三维图形将切换到俯视图，如图 8-2 所示。

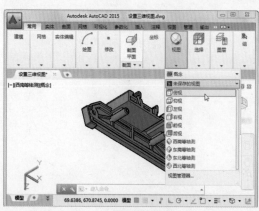

图 8-1  选择"俯视"命令

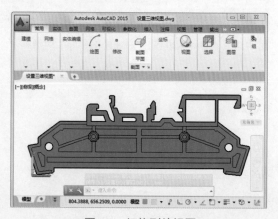

图 8-2  切换到俯视图

**Step 03** 单击"视图"面板中的"三维导航"下拉按钮，在弹出的下拉列表中选择"左视"命令，切换到左视图，如图 8-3 所示。

**Step 04** 若在下拉列表中选择"东南等轴侧"命令，就会切换到东南等轴侧视图，如图 8-4 所示。

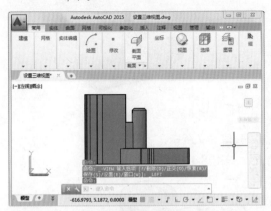

图 8-3　切换到左视图　　　　　　　　图 8-4　切换到东南等轴侧视图

**Step 05** 在绘图区单击左上角的"视图控件"链接，在弹出的下拉列表中也可以选择视图方式，如图 8-5 所示。

**Step 06** 还可以同时按住【Shift】键和鼠标滚轮键，通过移动鼠标自定义视图方向，如图 8-6 所示。

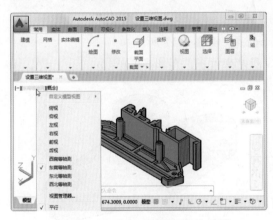 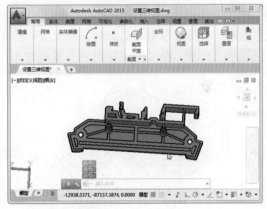

图 8-5　单击"视图控件"链接　　　　　　图 8-6　自定义视图方向

## 实例 2　三维坐标系

在绘制三维图形时，将用到两种类型的坐标系：一种是固定的世界坐标系（WCS），另一种是可移动的用户坐标系（UCS）。

创建 UCS 用户坐标系的具体操作方法如下。

**Step 01** 打开素材文件"三维坐标系.dwg"，单击状态栏上的"切换工作空间"按钮，在弹出的下拉列表中选择"三维建模"命令，如图 8-7 所示。

**Step 02** 单击 ViewCube 导航工具下方的 WCS 下拉按钮，在弹出的下拉菜单中选择"新UCS"命令，如图 8-8 所示。

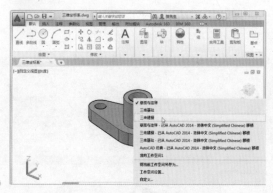

图 8-7 选择"三维建模"命令

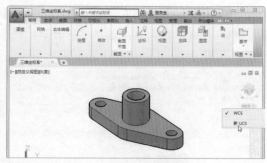

图 8-8 选择"新 UCS"命令

**Step 03** 在三维图形对象上单击指定 UCS 原点，如图 8-9 所示。

**Step 04** 在三维图形对象上单击指定 X 轴上的点，如图 8-10 所示。

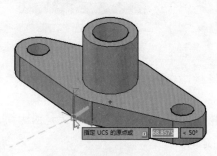

图 8-9 指定 UCS 原点

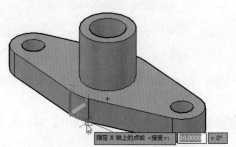

图 8-10 指定 X 轴上的点

**Step 05** 在三维图形对象上单击指定 XY 平面上的点，如图 8-11 所示。

**Step 06** 此时，即可通过指定三个点创建 UCS 用户坐标系，如图 8-12 所示。

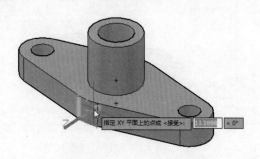

图 8-11 指定 XY 平面上的点

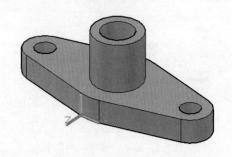

图 8-12 创建 UCS 用户坐标系

## 实例 3 三维视觉样式

视觉样式用于控制三维视图中三维模型对象的边和着色的显示方式。在 AutoCAD 2015 中，默认提供了以下几种预定义视觉样式。

➢ **二维线框**：通过使用直线和曲线表示边界的方式显示对象，其光栅图像、OLE 对象、线型和线宽均可见，如图 8-13 所示。

➢ **线框**：通过使用直线和曲线表示边界的方式显示对象。

➢ **概念**：使用平滑着色和古氏面样式显示对象。古氏面样式在冷暖颜色而非明暗效果之间转换，其效果缺乏真实感，但可以方便地查看模型的细节，如图 8-14 所示。

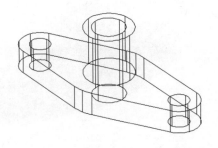

图 8-13　"二维线框"视觉样式

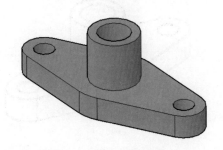

图 8-14　"概念"视觉样式

> **隐藏：** 使用线框表示法显示对象，而隐藏背面不可见的线，如图 8-15 所示。
> **真实：** 使用平滑着色和材质显示对象，如图 8-16 所示。

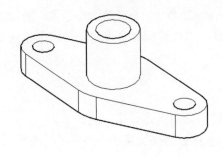

图 8-15　"隐藏"视觉样式

图 8-16　"真实"视觉样式

> **着色：** 使用平滑着色显示对象，如图 8-17 所示。
> **带边缘着色：** 使用平滑着色和可见边显示对象。
> **灰度：** 使用平滑着色和单色灰度显示对象，如图 8-18 所示。

图 8-17　"着色"视觉样式

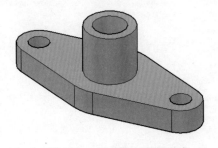

图 8-18　"灰度"视觉样式

> **勾画：** 使用线延伸和抖动边修改器显示手绘效果的对象，如图 8-19 所示。
> **X 射线：** 以局部透明度显示对象，如图 8-20 所示。

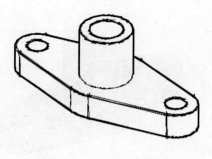

图 8-19    "勾画"视觉样式

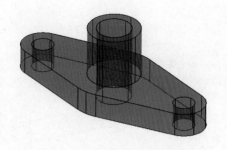

图 8-20    "X 射线"视觉样式

# 8.2    绘制三维实体

三维实体是三维图形中最基本的组成部分。AutoCAD 2015 提供了长方体、圆锥体、圆柱体、球体、圆环体等基本三维实体的绘制命令，通过这些命令可以轻松地创建简单的三维实体模型。

### 实例 1    长方体的绘制

长方体的基本参数有底面和高度，创建实心长方体的具体操作方法如下。

**Step 01** 单击绘图区左上角的"视图控件"链接，在弹出的快捷菜单中选择"东南等轴侧"命令，如图 8-21 所示。

**Step 02** 单击"常用"选项卡下"建模"面板中的"长方体"按钮，如图 8-22 所示。

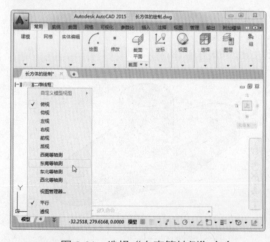

图 8-21    选择"东南等轴侧"命令

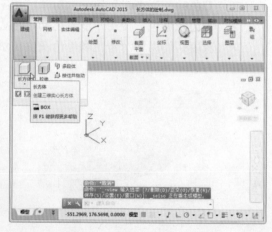

图 8-22    单击"长方体"按钮

**Step 03** 在绘图区中分别指定图形的两个对角点，如图 8-23 所示。

**Step 04** 在绘图区中指定长方体的高度，如图 8-24 所示。

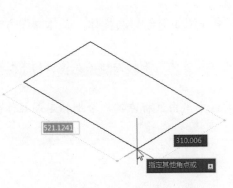

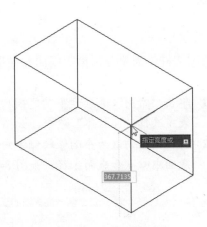

图 8-23　指定两个对角点　　　　　　　　图 8-24　指定高度

**Step 05** 单击"常用"选项卡下"视图"面板中的"视觉样式"下拉按钮，在弹出的"视觉样式"列表中单击"概念"按钮，如图 8-25 所示。

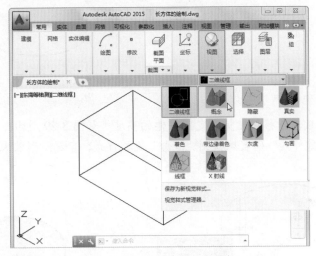

图 8-25　单击"概念"按钮

**Step 06** 切换到"概念"视觉样式，查看图形效果，如图 8-26 所示。

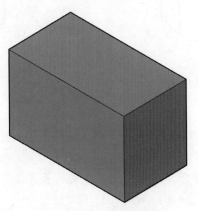

图 8-26　查看图形效果

### 实例 2 圆柱体的绘制

绘制圆柱体需要分别指定底面和高度。下面将介绍如何创建圆柱体，具体操作方法如下。

**Step 01** 单击"常用"选项卡下"建模"面板中的"长方体"下拉按钮，在弹出的下拉列表中选择"圆柱体"命令，如图 8-27 所示。

**Step 02** 将视图方向改为东南等轴侧方向，在绘图区中单击鼠标左键，分别指定圆柱体的底面中心点和底面半径，如图 8-28 所示。

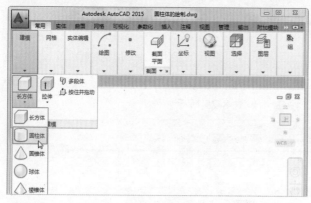

图 8-27 选择"圆柱体"命令

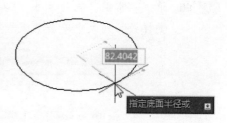

图 8-28 指定底面中心点和半径

**Step 03** 通过输入数值或移动光标指定圆柱体的高度，如图 8-29 所示。

**Step 04** 通过"视觉样式"列表切换到"概念"视觉样式，查看图形效果，如图 8-30 所示。

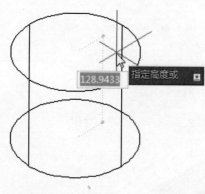

图 8-29 指定高度

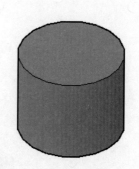

图 8-30 查看图形效果

### 实例 3 圆锥体的绘制

通过"圆锥体"工具可以创建底面为圆形或椭圆的尖头圆锥体或圆台，具体操作方法如下。

**Step 01** 单击"常用"选项卡下"建模"面板中的"长方体"下拉按钮，在弹出的下拉列表中选择"圆锥体"命令，如图 8-31 所示。

**Step 02** 将视图方向改为东南等轴侧方向，在绘图区中单击鼠标左键，分别指定圆锥体的底面中心点和底面半径，如图 8-32 所示。

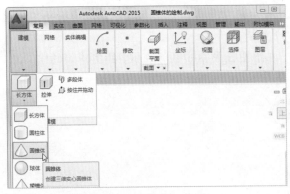

图 8-31　选择"圆锥体"命令

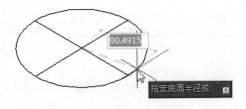

图 8-32　指定底面中心点和半径

**Step 03**　通过输入数值或移动光标指定圆锥体的高度，如图 8-33 所示。

**Step 04**　通过"视觉样式"列表切换到"概念"视觉样式，查看图形效果。双击圆锥体图形，如图 8-34 所示。

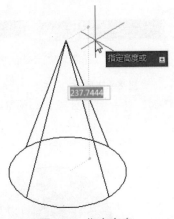

图 8-33　指定高度

图 8-34　双击图形

**Step 05**　弹出特性面板，修改顶面半径为 30，如图 8-35 所示。

**Step 06**　此时，即可将圆锥体顶面改为圆台，查看最终效果，如图 8-36 所示。

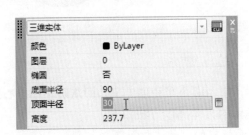

图 8-35　修改顶面半径

图 8-36　查看圆台效果

### 实例 4　球体的绘制

从圆心开始创建的球体，其中心轴将与当前用户坐标系（UCS）的 Z 轴平行。绘制球体的具体操作方法如下。

**Step 01** 单击"常用"选项卡下"建模"面板中的"长方体"下拉按钮，在弹出的下拉列表中选择"球体"命令，如图 8-37 所示。

**Step 02** 将视图方向改为东南等轴侧方向，在绘图区中单击鼠标左键，指定球体的中心点，如图 8-38 所示。

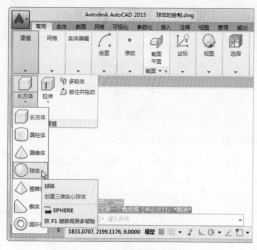

图 8-37　选择"球体"命令　　　　　　　　　　图 8-38　指定球体的中心点

**Step 03** 通过输入数值或移动光标指定球体的半径值，如图 8-39 所示。

**Step 04** 通过"视觉样式"列表切换到"概念"视觉样式，查看图形效果，如图 8-40 所示。

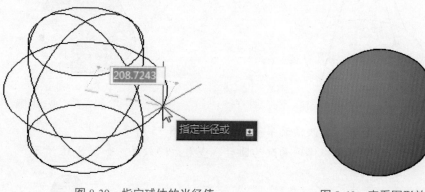

图 8-39　指定球体的半径值　　　　　　图 8-40　查看图形效果

## 实例 5　圆环体的绘制

　　圆环体即类似于轮胎内胎的环形实体，它由两个半径值定义，即从圆环体中心到圆管中心的距离和圆管的半径距离。绘制圆环体的具体操作方法如下。

**Step 01** 单击"常用"选项卡下"建模"面板中的"长方体"下拉按钮，在弹出的下拉列表中选择"圆环体"命令，如图 8-41 所示。

**Step 02** 将视图方向改为东南等轴侧方向，在绘图区中单击鼠标左键，指定圆环体的中心点，然后指定其中心点到圆管中心的距离，如图 8-42 所示。

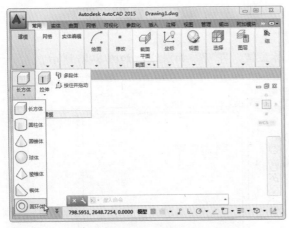

图 8-41　选择"圆环体"命令

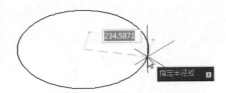

图 8-42　指定距离

**Step 03** 通过输入数值或移动光标指定圆环体的圆管半径，如图 8-43 所示。

**Step 04** 通过"视觉样式"列表切换到"灰度"视觉样式，查看图形效果，如图 8-44 所示。

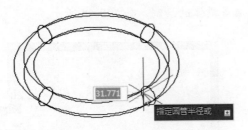

图 8-43　指定圆管半径

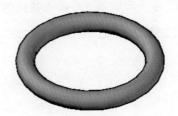

图 8-44　查看图形效果

## 实例 6　多段体的绘制

多段体对象的创建方法与创建多线相似，通过"多段体"工具可以快速绘制建筑效果图的墙体，具体操作方法如下。

**Step 01** 打开素材文件"多段体的绘制.dwg"，单击"常用"选项卡下"建模"面板中的"多段体"按钮，如图 8-45 所示。

**Step 02** 将多段体的高度、宽度、对正方式分别设置为 3000、240、右对齐，命令提示如下。

```
命令:_Polysolid
高度 = 2.0000, 宽度 = 5.0000, 对正 = 左对齐
指定起点或 [对象(O)/高度(H)/宽度(W)/对正(J)] <对象>: H
指定高度 <2.0000>: 3000
高度 = 3000.0000, 宽度 = 5.0000, 对正 = 左对齐
指定起点或 [对象(O)/高度(H)/宽度(W)/对正(J)] <对象>: W
指定宽度 <5.0000>: 240
高度 = 3000.0000, 宽度 = 240.0000, 对正 = 左对齐
指定起点或 [对象(O)/高度(H)/宽度(W)/对正(J)] <对象>: J
输入对正方式 [左对正(L)/居中(C)/右对正(R)] <左对正>: R
```

高度 = 3000.0000, 宽度 = 240.0000, 对正 = 右对齐

**Step 03** 依次在图形上所需的位置单击鼠标左键, 即可添加引线, 如图 8-46 所示。

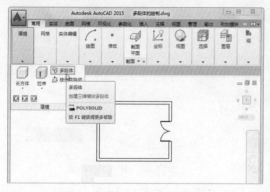

图 8-45　单击"多段体"按钮

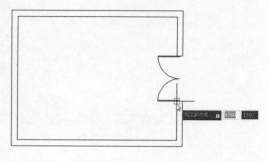

图 8-46　指定起点

**Step 04** 移动光标, 指定另一侧端点为多段体的下一点, 如图 8-47 所示。

**Step 05** 沿平面墙体图形依次捕捉端点, 完成多段体的绘制, 如图 8-48 所示。

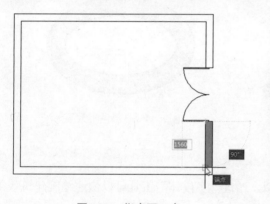

图 8-47　指定下一点

图 8-48　捕捉端点

**Step 06** 修改视图方向与视觉样式, 查看绘制效果, 如图 8-49 所示。

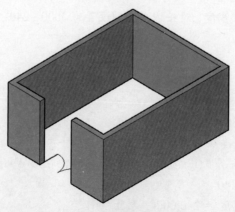

图 8-49　查看绘制效果

# 8.3　二维图形生成三维实体

除了使用基本三维实体绘制命令外，还可以通过"拉伸""旋转"等工具将现有的直线、多段线和曲线等二维图形对象转换成三维实体或曲面模型。

## 实例 1　拉伸实体

用户可以通过"拉伸"工具按指定路径或高度延伸二维对象的形状，从而创建三维实体或曲面，具体操作方法如下。

**Step 01** 打开素材文件"拉伸实体.dwg"，单击"常用"选项卡下"建模"面板中的"拉伸"按钮，如图 8-50 所示。

**Step 02** 选择要拉伸的对象，按【Enter】键确认选择，如图 8-51 所示。

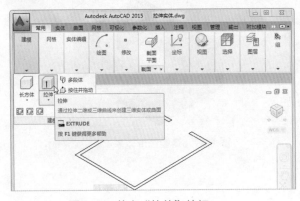

图 8-50　单击"拉伸"按钮

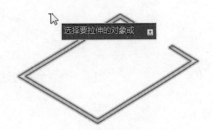

图 8-51　选择拉伸对象

**Step 03** 指定拉伸高度为 2700，即可将其拉伸为没有厚度的曲面，如图 8-52 所示。

**Step 04** 撤销刚才的操作，打开"绘图"面板，单击"边界"按钮，如图 8-53 所示。

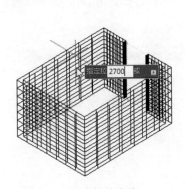

图 8-52　指定拉伸高度

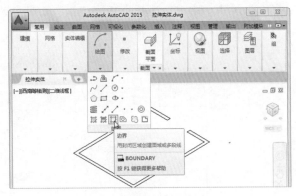

图 8-53　单击"边界"按钮

**Step 05** 弹出"边界创建"对话框，单击"拾取点"按钮，如图 8-54 所示。

**Step 06** 移动光标到墙体图形内部，单击拾取内部点，按【Enter】键执行操作，如图 8-55 所示。

图 8-54 "边界创建"对话框

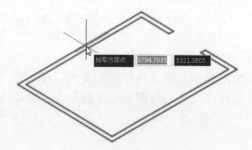

图 8-55 拾取内部点

**Step 07** 此时，即可将墙体图形创建为合并的多段线，如图 8-56 所示。

**Step 08** 再次拉伸对象，即可创建带有厚度的三维实体。更改视觉样式，查看图形效果，如图 8-57 所示。

图 8-56 合并多段线　　　　　图 8-57 查看图形效果

## 实例 2　旋转实体

用户可以通过"旋转"工具沿指定轴旋转二维对象，从而创建三维对象，具体操作方法如下。

**Step 01** 执行"多段线"命令，绘制多段线，如图 8-58 所示。

**Step 02** 单击"常用"选项卡下"建模"面板中的"拉伸"下拉按钮，在弹出的下拉菜单中选择"旋转"命令，如图 8-59 所示。

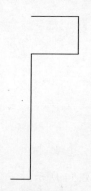

图 8-58 绘制多段线

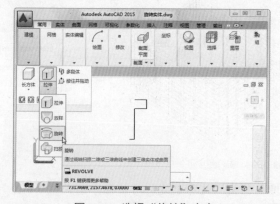

图 8-59 选择"旋转"命令

**Step 03** 选择刚才绘制的对象作为要旋转的对象，按【Enter】键确认选择，如图 8-60 所示。

**Step 04** 指定对象左侧端点所在垂线上的任意两点，从而确定旋转轴，如图 8-61 所示。

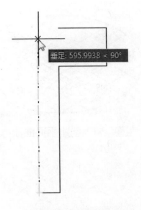

图 8-60　选择旋转对象　　　　　　　图 8-61　确定旋转轴

**Step 05**　设置旋转角度为 360 度，即可绕轴旋转对象，如图 8-62 所示。

**Step 06**　切换到"概念"视觉样式，并更改视图方式，查看图形效果，如图 8-63 所示。

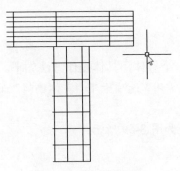

图 8-62　设置旋转角度　　　　　　　图 8-63　查看图形效果

## 实例 3　平面曲面

通过"平面曲面"工具可以将封闭区域或矩形创建为平整的平面曲面，具体操作方法如下。

**Step 01**　打开素材文件"平面曲面.dwg"，单击"曲面"选项卡下"创建"面板中的"平面"按钮，如图 8-64 所示。

**Step 02**　输入 O 并按【Enter】键确认，在绘图区中选择指定对象，如图 8-65 所示。

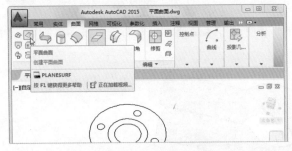

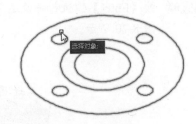

图 8-64　单击"平面"按钮　　　　　　图 8-65　选择对象

**Step 03**　按【Enter】键确认操作，即可创建平面曲面，如图 8-66 所示。

**Step 04**　通过"视觉样式"列表切换到"概念"视觉样式，查看图形效果，如图 8-67 所示。

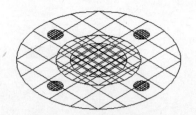

图 8-66　创建平面曲面

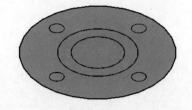

图 8-67　查看图形效果

# 8.4　布尔运算

布尔运算是创建复杂三维实体时较为常用的工具。通过合并、减去或找出两个或两个以上的三维实体、曲面或面域的相交部分，从而创建复合三维对象。布尔运算工具主要有"并集""差集""交集"三种类型。

实例 1　并集操作

"并集"是将两个或两个以上对象合并为一个整体，具体操作方法如下。

**Step 01**　打开素材文件"并集操作.dwg"，单击"常用"选项卡下"实体编辑"面板中的"实体，并集"按钮，如图 8-68 所示。

**Step 02**　选择绘图区中要合并的两个模型对象，如图 8-69 所示。

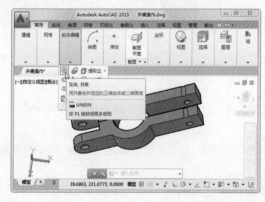

图 8-68　单击"实体，并集"按钮

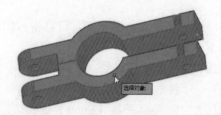

图 8-69　选择对象

**Step 03**　按【Enter】键执行并集运算，即可将所选对象合并为一个无缝隙的三维实体，如图 8-70 所示。

图 8-70　查看并集效果

实例2　差集操作

"差集"是从所选实体组中减去一个或多个实体，从而创建三维实体或曲面，具体操作方法如下。

Step 01　打开素材文件"差集操作.dwg"，单击"常用"选项卡下"实体编辑"面板中的"实体，差集"按钮，如图 8-71 所示。

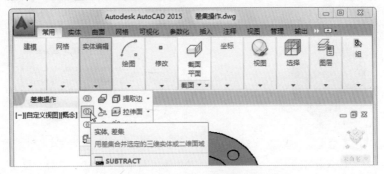

图 8-71　单击"实体，差集"按钮

Step 02　选择要执行差集操作的对象，按【Enter】键确认选择，如图 8-72 所示。

图 8-72　选择对象

Step 03　选择四个小圆柱体及中间大圆柱体作为要减去的三维对象，按【Enter】键确认，执行差集运算，如图 8-73 所示。

Step 04　此时，即可从所选对象中减去圆柱体对象，查看图形效果，如图 8-74 所示。

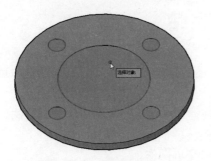

图 8-73　选择减去对象

图 8-74　查看差集效果

实例3　交集操作

"交集"是将两个或多个现有三维实体、曲面或面域的公共体积创建成三维实体，具体操作方法如下。

**Step 01** 打开素材文件"交集操作.dwg"，图形为一个立方体和一个球体，如图 8-75 所示。

**Step 02** 单击"常用"选项卡下"实体编辑"面板中的"实体，交集"按钮，如图 8-76 所示。

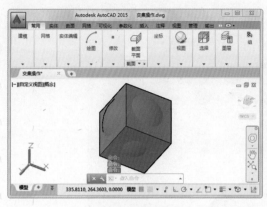

图 8-75　打开素材图形

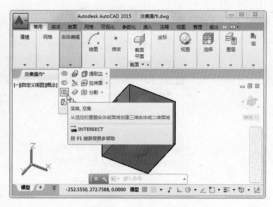

图 8-76　单击"实体，交集"按钮

**Step 03** 选择绘图区中的对象，按【Enter】键确认选择，如图 8-77 所示。

**Step 04** 此时，即可执行交集运算，查看图形效果，如图 8-78 所示。

图 8-77　选择对象

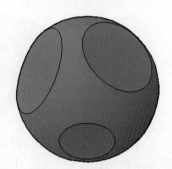

图 8-78　查看交集效果

## 本章小结

本章主要介绍了 AutoCAD 2015 中三维绘图的基础知识及基本操作。通过本章的学习，读者应重点掌握以下知识。

（1）了解 AutoCAD 2015 中长方体、圆柱体、球体、圆环体等的绘制方法。

（2）能够熟练地对二维图形进行拉伸、旋转、平面曲面等操作。

（3）能够灵活地对实体进行并集、差集和交集操作。

## 本章习题

1. 对三维坐标移动或者编辑后将其恢复为初始状态。

操作提示：

在绘制三维图形时，经常为了作图需要对坐标系进行调整。如果想要恢复坐标，只需在命令行窗口中输入 UCS 命令，并按两次【Enter】键确认，即可恢复原始三维坐标。

2．用三点方式创建新 UCS 坐标系。

操作提示：

（1）新建空白文件，单击"工具"|"新建 UCS"|"三点"命令，如图 8-79 所示。

（2）在绘图区中任意单击一点，作为 UCS 坐标系的新原点。在命令行窗口中输入"0,0,1000"，作为正 X 轴范围上的点，按【Enter】键确认，如图 8-80 所示。

图 8-79　单击"三点"命令

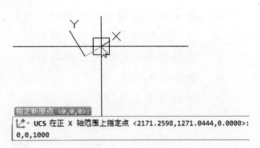

图 8-80　输入命令

（3）在命令行窗口中输入"1000,0,0"，作为正 Y 轴范围上的点，按【Enter】键确认，如图 8-81 所示。

图 8-81　设置 Y 轴范围点

# 第 9 章　三维图形的编辑

## 【本章导读】

当完成三维模型的创建工作后，通常需要对其进行编辑操作，以满足更多的设计要求，如三维移动、三维旋转、三维阵列、更改三维模型形状、添加材质、添加光源及对其进行渲染等。在本章中将介绍如何对三维模型进行编辑处理。

## 【本章目标】

- ➢ 学会对三维模型进行移动、旋转、阵列等操作。
- ➢ 能够熟练地更改三维模型形状。
- ➢ 能够方便地对图形添加材质。
- ➢ 学会添加光源。
- ➢ 学会渲染三维模型。

# 9.1　三维模型基础操作

三维模型基础操作包括移动三维对象、旋转三维对象、对齐三维对象、镜像三维对象、阵列三维对象，以及编辑实体边和实体面。本任务将分别对其进行详细介绍。

### 实例 1　移动三维对象

在默认情况下，在选择视图中具有三维视觉样式的对象或子对象时会自动显示小控件，这些小控件可以帮助用户沿三维轴或平面移动、旋转或缩放一组对象。在进行三维移动时，可以将小控件移动约束到轴或平面上，再对指定三维对象进行三维移动。将光标悬停在小控件上的轴控制柄上时将显示与轴对齐的矢量，且指定轴将变为黄色。单击轴控制柄，即可将对象约束到亮显的轴上，如图 9-1 所示。

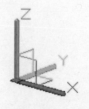

三维移动小控件　　　　三维旋转小控件　　　　三维缩放小控件

图 9-1　三维控件

将光标移到小控件的矩形平面上，当矩形变为黄色后单击该矩形，拖动光标时可以将选定对象和子对象仅沿亮显的平面移动。

下面通过实例介绍如何移动三维对象，具体操作方法如下。

Step 01 打开素材文件"移动三维对象.dwg"，单击"常用"选项卡下"修改"面板中的"三维移动"按钮，如图9-2所示。

Step 02 选择要移动的三维对象，按【Enter】键确认选择，如图9-3所示。

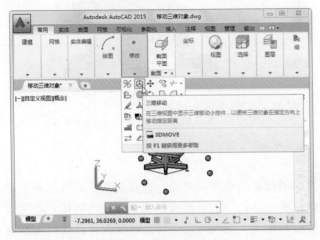

图9-2 单击"三维移动"按钮

图9-3 选择移动对象

Step 03 通过端点对象捕捉，指定三维移动的基点位置，如图9-4所示。

Step 04 通过端点对象捕捉，指定三维移动的第二点，如图9-5所示。

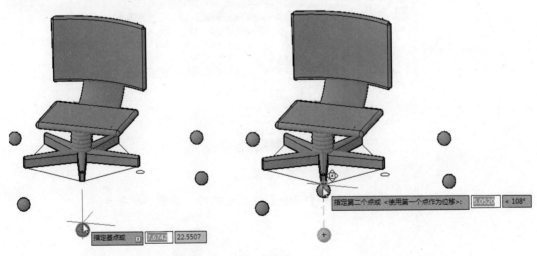

图9-4 指定基点位置

图9-5 指定第二点

Step 05 此时，即可将所选对象移动到指定位置，如图9-6所示。

Step 06 采用同样的方法，移动其他对象到所需位置即可，如图9-7所示。

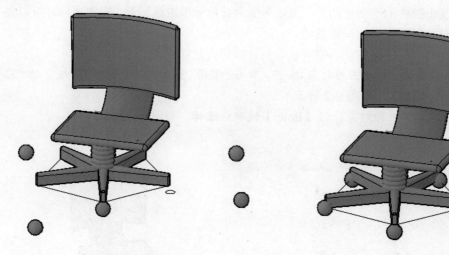

图 9-6　移动对象　　　　　　　　　　　　图 9-7　移动其他对象

## 实例 2　旋转三维对象

通过"三维旋转"命令可以按约束轴旋转之前选定的对象。选择要旋转的对象和子对象后，小控件将位于选择集的中心，此位置由小控件的基准夹点指示。将光标移到三维旋转小控件的旋转路径上时，将显示表示旋转轴的矢量线。在旋转路径变为黄色时单击该路径，即可指定旋转轴为约束轴。下面通过实例介绍如何旋转三维对象，具体操作方法如下。

**Step 01** 打开素材文件"旋转三维对象.dwg"，单击"常用"选项卡下"修改"面板中的"三维旋转"按钮，如图 9-8 所示。

图 9-8　单击"三维旋转"按钮

**Step 02** 选择要旋转的三维对象，按【Enter】键确认选择，如图 9-9 所示。

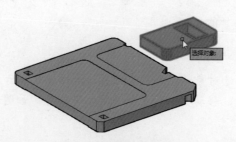

图 9-9　选择旋转对象

**Step 03** 移动光标至边缘中点，并单击指定旋转基点，如图 9-10 所示。

**Step 04** 输入 - 90 并按【Enter】键确认，指定旋转角度，即可旋转所选对象，如图 9-11 所示。

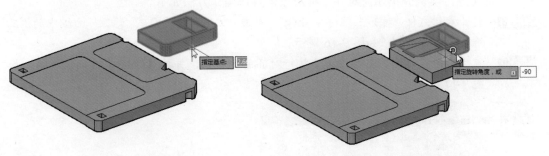

图 9-10　指定旋转基点　　　　　　　　　图 9-11　指定旋转角度

**Step 05** 单击"常用"选项卡下"修改"面板中的"三维移动"按钮，如图 9-12 所示。

**Step 06** 选择刚才旋转的三维模型作为移动对象，通过象限点对象捕捉指定移动基点，如图 9-13 所示。

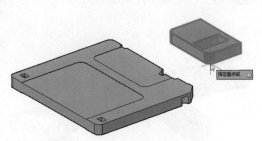

图 9-12　单击"三维移动"按钮　　　　　　图 9-13　指定移动基点

**Step 07** 通过象限点对象捕捉，指定另一个图形的象限点为三维移动的第二点，如图 9-14 所示。

**Step 08** 此时，即可将该对象移动到图形合适位置，如图 9-15 所示。

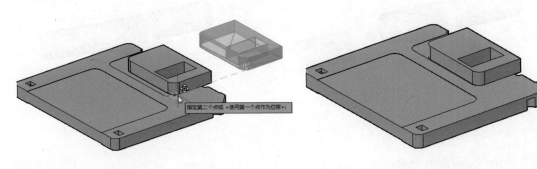

图 9-14　指定第二点　　　　　　　　　　图 9-15　移动对象

中文版 AutoCAD 2015 实例教程

### 实例 3  对齐三维对象

通过"三维对齐"工具可以为源对象和目标对象指定三个点，使源对象和目标对象对齐。下面将通过实例介绍如何对齐三维对象，具体操作方法如下。

**Step 01** 打开素材文件"对齐三维对象.dwg"，单击"常用"选项卡下"修改"面板中的"三维对齐"按钮 ，如图 9-16 所示。

**Step 02** 选择绘图区右侧的图形作为要执行对齐的源对象，并按【Enter】键确认选择，如图 9-17 所示。

图 9-16  单击"三维对齐"按钮

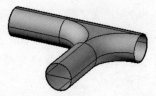

图 9-17  选择源对象

**Step 03** 通过端点对象捕捉，在源对象上单击指定对齐基点，如图 9-18 所示。

**Step 04** 通过端点对象捕捉，在源对象上单击指定第二个目标点，如图 9-19 所示。

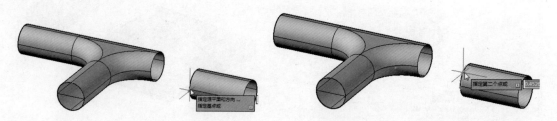

图 9-18  指定对齐基点          图 9-19  指定第二个目标点

**Step 05** 通过端点对象捕捉，在源对象上单击指定第三个目标点，如图 9-20 所示。

**Step 06** 以同样的方法指定目标对象上的三个点，即可对齐对象，如图 9-21 所示。

图 9-20  指定第三个目标点          图 9-21  查看对齐效果

### 实例 4  镜像三维对象

使用"三维镜像"工具可以通过指定镜像平面来镜像对象。镜像平面可以是平面对象所在的平面，通过指定点且与当前 UCS 的 *XY*、*YZ* 或 *XZ* 平面平行的平面，或由三个指定点定义的平面。

　　下面将通过实例介绍如何镜像三维对象，具体操作方法如下。

**Step 01** 打开素材文件"镜像三维对象.dwg"，单击"常用"选项卡下"修改"面板中的"三维镜像"按钮⊠，如图 9-22 所示。

**Step 02** 选择绘图区中的三维图形对象，按【Enter】键确认选择，如图 9-23 所示。

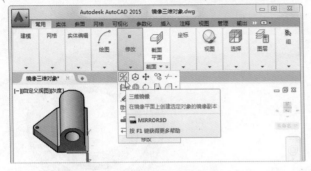

图 9-22　单击"三维镜像"按钮　　　　　　图 9-23　选择三维对象

**Step 03** 捕捉图形圆孔端面下方边线中点作为镜像平面的第一个点，如图 9-24 所示。

**Step 04** 依次捕捉第二个点和第三个点，从而确定镜像平面，如图 9-25 所示。

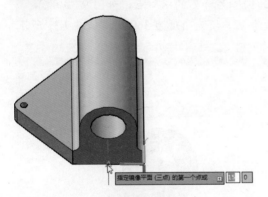

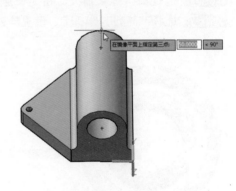

图 9-24　捕捉镜像平面第一点　　　　　　图 9-25　捕捉第二个点和第三个点

**Step 05** 弹出快捷菜单，选择"否"命令，保留源对象，如图 9-26 所示。

**Step 06** 此时，即可沿指定平面创建对象的副本，效果如图 9-27 所示。

图 9-26　选择"否"命令　　　　　　图 9-27　查看镜像效果

### 实例 5　阵列三维对象

通过"三维阵列"工具可以在三维空间中创建对象的矩形阵列或环形阵列。下面将通过实例介绍如何阵列三维对象，具体操作方法如下。

**Step 01** 打开素材文件"阵列三维对象.dwg"，单击"修改"面板中的"矩形阵列"下拉按钮 ⊞·，在弹出的下拉菜单中选择"环形阵列"命令，如图 9-28 所示。

**Step 02** 选择球体作为要阵列的对象，按【Enter】键确认选择，如图 9-29 所示。

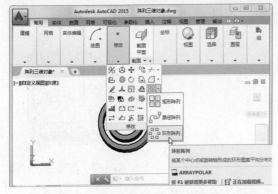

图 9-28　选择"环形阵列"命令

图 9-29　选择阵列对象

**Step 03** 通过圆心对象捕捉，指定任意同心圆的圆心为阵列的中心点，如图 9-30 所示。

**Step 04** 选择"阵列"选项卡，设置阵列项目数为 12，填充角度为 360 度，如图 9-31 所示。

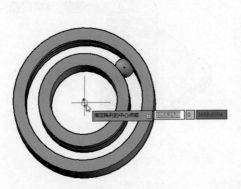

图 9-30　指定中心点

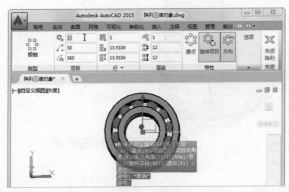

图 9-31　设置阵列参数

**Step 05** 单击"关闭阵列"按钮，退出"阵列"选项卡，即可阵列复制对象，效果如图 9-32 所示。

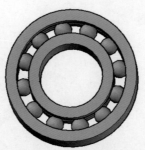

图 9-32　查看效果

## 实例 6　编辑三维实体边

编辑三维实体边包括提取边、压印边、着色边、复制边。下面将通过实例介绍如何执行提取和复制操作，具体操作方法如下。

**Step 01**　打开素材文件"编辑三维实体边.dwg"，在"常用"选项卡下"实体编辑"面板中单击"提取边"按钮，如图 9-33 所示。

**Step 02**　在绘图区中单击选择要提取边的对象，按【Enter】键确认选择，如图 9-34 所示。

图 9-33　单击"提取边"按钮　　　　　　图 9-34　选择提取对象

**Step 03**　移动源对象，即可显示已提取的实体边副本对象，如图 9-35 所示。

**Step 04**　在"实体编辑"面板中单击"提取边"下拉按钮，在弹出的下拉列表中选择"复制边"命令，如图 9-36 所示。

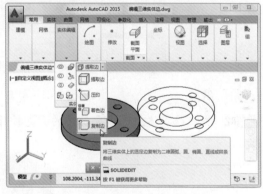

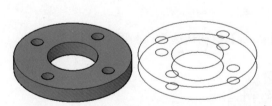

图 9-35　移动源对象　　　　　　　　　图 9-36　选择"复制边"命令

**Step 05**　依次单击选择要复制的边，按【Enter】键确认选择，如图 9-37 所示。

**Step 06**　在图形上单击指定位移的基点，如图 9-38 所示。

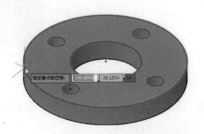

图 9-37　选择要复制的边　　　　　　　图 9-38　指定位移基点

Step **07** 在图形上单击指定位移的第二点，如图 9-39 所示。

Step **08** 此时，即可复制所选实体边到指定的位置，如图 9-40 所示。

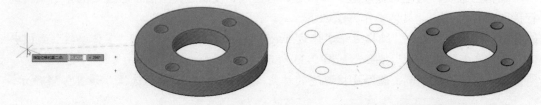

图 9-39　指定位移的第二点　　　　　　　　　　　　图 9-40　查看复制效果

### 实例 7　编辑三维实体面

AutoCAD 提供了多种修改三维实体面的方法，用户可以对实体面执行拉伸、移动、旋转、偏移、倾斜、复制和删除等操作。下面将通过实例介绍如何对三维实体面进行拉伸、复制、删除和着色等，具体操作方法如下。

Step **01** 打开素材文件"编辑三维实体面.dwg"，单击"常用"选项卡下"实体编辑"面板中的"拉伸面"按钮，如图 9-41 所示。

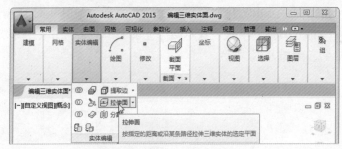

图 9-41　单击"拉伸面"按钮

Step **02** 在三维实体上选择要拉伸的面，按【Enter】键确认选择，如图 9-42 所示。

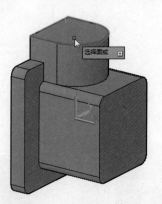

图 9-42　选择拉伸面

Step **03** 通过依次单击指定两点或输入数值指定拉伸高度，按【Enter】键确认倾斜角度为 0，从而拉伸实体面，如图 9-43 所示。

**Step 04** 打开"实体编辑"面板中的实体面编辑工具下拉菜单，在弹出的下拉菜单中选择"复制面"命令，如图 9-44 所示。

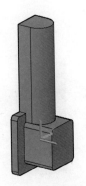

图 9-43　拉伸实体面

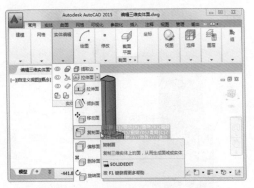

图 9-44　选择"复制面"命令

**Step 05** 在三维对象上依次单击鼠标左键，选择要复制的面，并按【Enter】键确认选择，如图 9-45 所示。

**Step 06** 分别指定位移的基点和第二点，如图 9-46 所示。

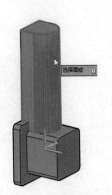

图 9-45　选择要复制的面

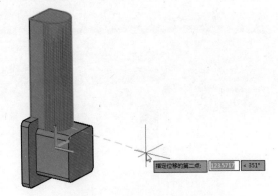

图 9-46　指定位移基点和第二点

**Step 07** 此时，即可在所需位置创建所选实体面的副本对象，如图 9-47 所示。

**Step 08** 打开"实体编辑"面板中的实体面编辑工具下拉菜单，在弹出的下拉菜单中选择"删除面"命令，如图 9-48 所示。

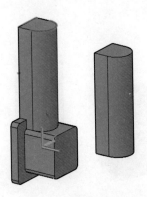

图 9-47　查看副本对象

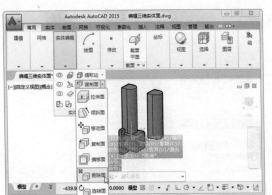

图 9-48　选择"删除面"命令

**Step 09** 在三维对象上单击选择要删除的面，如图 9-49 所示。

**Step 10** 按【Enter】键确认选择，即可从三维实体中删除所选对象，如图 9-50 所示。

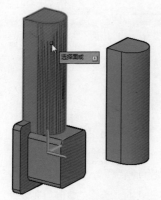

图 9-49　选择要删除的面

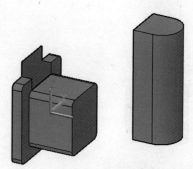

图 9-50　查看删除效果

**Step 11** 打开"实体编辑"面板中的实体面编辑工具下拉菜单，在弹出的下拉菜单中选择"着色面"命令，如图 9-51 所示。

**Step 12** 在三维对象上单击选择要着色的面，按【Enter】键确认选择，如图 9-52 所示。

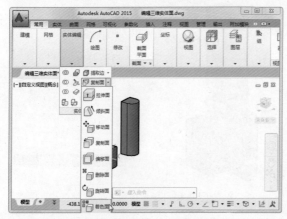

图 9-51　选择"着色面"命令

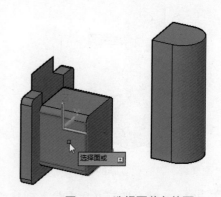

图 9-52　选择要着色的面

**Step 13** 弹出"选择颜色"对话框，选择所需的颜色，然后单击"确定"按钮，如图 9-53 所示。

**Step 14** 此时，即可为实体面添加自定义的颜色，如图 9-54 所示。

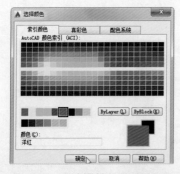

图 9-53　"选择颜色"对话框

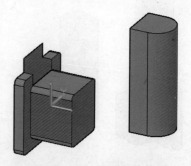

图 9-54　查看着色效果

## 9.2 更改三维模型形状

用户可以通过"实体编辑"面板中的相关工具对三维实体对象执行剖切、抽壳和加厚等操作。

### 实例 1 剖切三维对象

通过"剖切"工具可以拆分现有对象，以创建新的三维实体或曲面。使用"剖切"工具剖切三维实体时，可以通过多种方法定义剪切平面。例如，可以指定三个点、一条轴、一个曲面或一个平面对象以用作剪切平面。在剖切实体后，可以保留剖切对象的一半，删除或保留另一半。

下面将通过实例介绍如何剖切三维对象，具体操作方法如下。

**Step 01** 打开素材文件"剖切三维对象.dwg"，单击"常用"选项卡下"实体编辑"面板中的"剖切"按钮，如图 9-55 所示。

**Step 02** 选择后半部分三维实体作为要剖切的对象，按【Enter】键确认选择，如图 9-56 所示。

图 9-55 单击"剖切"按钮　　　　　　　　图 9-56 选择剖切对象

**Step 03** 启用状态栏"三维对象捕捉"工具，通过顶点对象捕捉指定切面的起点，如图 9-57 所示。

**Step 04** 通过顶点对象捕捉指定平面上的第二个点，如图 9-58 所示。

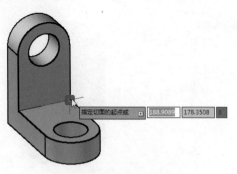

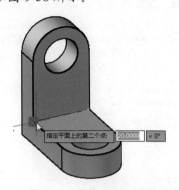

图 9-57 指定切面起点　　　　　　　　　图 9-58 指定平面上的第二个点

**Step 05** 移动光标，在所指定的平面一侧要保留的对象上单击鼠标左键，即可完成剖切操作，如图 9-59 所示。

**Step 06** 将左侧曲面对象向右移动，放置到三维实体的合适位置，如图 9-60 所示。

图 9-59　完成剖切操作

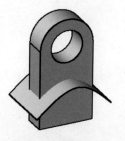

图 9-60　移动曲面

**Step 07**　再次执行"剖切"命令，选择三维实体作为要剖切的对象，输入 S 并按【Enter】
键确认，选中曲面作为剖切面，如图 9-61 所示。

**Step 08**　输入 B 并按【Enter】键确认，执行剖切操作并同时保留两个对象。移动对象，查
看剖切效果，如图 9-62 所示。

图 9-61　选中曲面

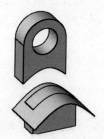

图 9-62　查看剖切效果

## 实例 2　抽壳三维对象

通过"抽壳"工具可以以指定的厚度在三维实体对象上创建中空的薄壁，具体操作方
法如下。

**Step 01**　打开素材文件"抽壳三维对象.dwg"，单击"实体编辑"面板中的"分割"下拉按
钮，在弹出的下拉菜单中选择"抽壳"命令，如图 9-63 所示。

**Step 02**　在绘图区中选择要执行抽壳操作的三维对象，如图 9-64 所示。

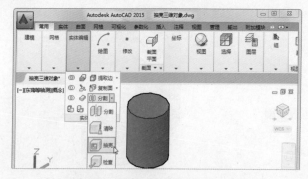

图 9-63　选择"抽壳"命令

图 9-64　选择抽壳对象

**Step 03**　单击选择执行抽壳操作时需要删除的面，按【Enter】键确认选择，如图 9-65 所示。

**Step 04**　指定抽壳距离为 15，并按【Enter】键确认，即可完成抽壳操作，如图 9-66 所示。

图 9-65　选择需删除的面

图 9-66　查看抽壳效果

### 实例3　加厚三维对象

用户可以通过"加厚"工具将曲面对象转换为具有指定厚度的三维实体对象，具体操作方法如下。

**Step 01**　打开素材文件"加厚三维对象.dwg"，单击"常用"选项卡下"实体编辑"面板中的"加厚"按钮◌，如图 9-67 所示。

**Step 02**　选择要加厚的曲面对象，按【Enter】键确认选择，如图 9-68 所示。

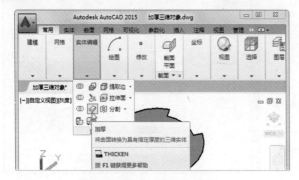

图 9-67　单击"加厚"按钮

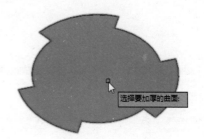

图 9-68　选择加厚对象

**Step 03**　通过输入数值指定厚度，如图 9-69 所示。

**Step 04**　此时，即可按指定厚度将曲面对象加厚为实体对象，如图 9-70 所示。

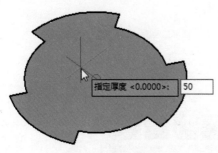

图 9-69　指定厚度

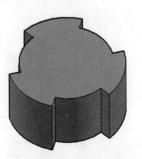

图 9-70　查看加厚效果

# 9.3 添加材质

材质是色彩、纹理、光滑度和透明度等可视属性的结合，将材质添加到三维对象上，可以为其提供具有物理特性的真实效果。AutoCAD 2015 提供了含有预定义材质的大型材质库，用户可以通过材质浏览器浏览这些材质，并将其添加到对象中。

## 实例 1 材质浏览器

材质浏览器类似于保存的材质的库，用户可以通过材质浏览器对材质库进行浏览与管理，具体操作方法如下。

**Step 01** 选择"可视化"选项卡，单击"材质"面板中的"材质浏览器"按钮◙，如图 9-71 所示。

**Step 02** 打开"材质浏览器"面板，单击左侧树状图中的材质类别，可在右侧样例列表中按类别浏览材质，如图 9-72 所示。

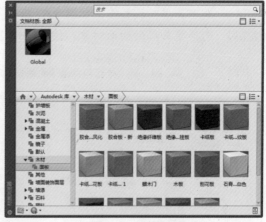

图 9-71 单击"材质浏览器"按钮　　　　　　图 9-72 浏览材质

**Step 03** 移动光标到样例列表中要使用的材质缩略图上，将显示"将材质添加到文档"和"将材质添加到文档并显示在编辑器中"两个按钮。如果暂时不需要编辑材质，则单击"将材质添加到文档"按钮，即可将所需材质添加到文档材质列表中，如图 9-73 所示。

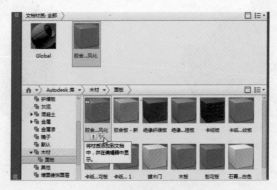

图 9-73 将材质添加到文档材质列表中

**Step 04** 用鼠标右键单击文档材质列表中已添加的材质，通过弹出的快捷菜单可以执行重命名、删除、选择要应用到的对象等操作，如图 9-74 所示。

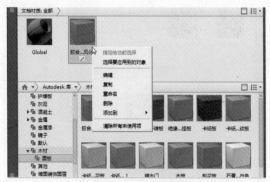

图 9-74 材质快捷菜单

**Step 05** 单击面板中间栏右侧的 ▤▾ 按钮，通过弹出的下拉菜单可以自定义材质样例列表中的查看类型、排序方式以及缩略图大小等参数，如图 9-75 所示。

**Step 06** 通过面板上方的搜索框可以快速搜索材质库中的所需材质，例如，在搜索框中输入关键词"壁纸"，程序将自动搜索到与其相关的材质，如图 9-76 所示。

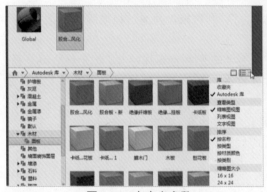

图 9-75 自定义参数

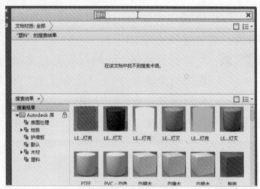

图 9-76 搜索材质

**Step 07** 单击面板左下方的"在文档中创建新材质"下拉按钮，在弹出的下拉菜单中可以按照类别新建材质，如选择"新建常规材质"命令，如图 9-77 所示。

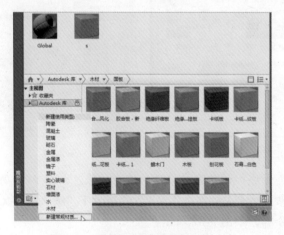

图 9-77 选择"新建常规材质"命令

**Step 08** 此时，将在文档材质列表中新建一个可以调节颜色、光泽度、反射率和透明度等各项特性的常规材质，如图 9-78 所示。

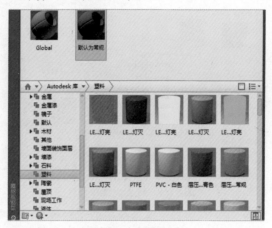

图 9-78　新建材质

## 实例 2　添加材质到对象

下面将通过实例介绍如何用材质浏览器添加材质到对象，并通过材质编辑器调整材质特性，具体操作方法如下。

**Step 01** 打开素材文件"添加材质到对象.dwg"，选中场景中的茶杯对象，打开材质浏览器。找到陶瓷类别下的"藏青蓝色"材质并右击，在弹出的快捷菜单中选择"指定给当前选择"命令，如图 9-79 所示。

**Step 02** 单击"渲染"面板中的"渲染"按钮，如图 9-80 所示。

图 9-79　选择"指定给当前选择"命令

图 9-80　单击"渲染"按钮

**Step 03** 此时，即可查看添加材质到对象后的渲染效果，如图 9-81 所示。

**Step 04** 选择茶杯对象主体部分，单击"常用"选项卡下"修改"面板中的"分解"按钮，将所选对象分解，如图 9-82 所示。

图 9-81　查看渲染效果　　　　　　　　　　图 9-82　分解对象

**Step 05** 添加"白色"陶瓷材质到茶杯对象主体部分的内部，如图 9-83 所示。

**Step 06** 再次执行"渲染"操作，查看修改茶杯对象内部材质后的渲染效果，如图 9-84 所示。

图 9-83　添加材质　　　　　　　　　　　图 9-84　查看渲染效果

**Step 07** 双击文档材质列表中的"藏青蓝色"材质，打开其对应的材质编辑器，单击其中的"颜色"图标，如图 9-85 所示。

**Step 08** 弹出"选择颜色"对话框，修改材质的颜色，修改完毕后单击"确定"按钮，如图 9-86 所示。

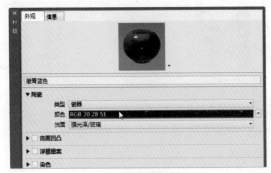

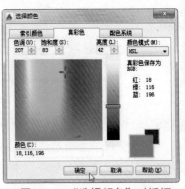

图 9-85　材质编辑器　　　　　　　　　　图 9-86　"选择颜色"对话框

Step **09** 单击"光源"面板中的"创建光源"下拉按钮，在弹出的下拉菜单中选择"点"命令，在场景中的合适位置添加两个点光源，调整其强度因子为合适值，如图 9-87 所示。

Step **10** 再次执行"渲染"命令，查看添加点光源后的渲染效果，如图 9-88 所示。

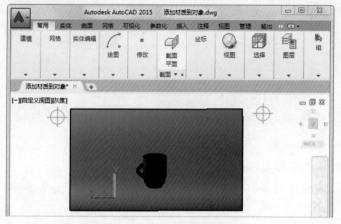

图 9-87　添加点光源

图 9-88　查看渲染效果

### 实例 3　添加贴图到对象中

贴图即添加到材质中的图像，应用贴图可以增强材质的外观和真实感。贴图可以模拟纹理、反射和折射等效果。下面将通过实例介绍如何添加贴图到对象中，具体操作方法如下。

Step **01** 打开素材文件"添加贴图到对象.dwg"，打开材质浏览器，右击文档材质列表中的"藏青蓝色"材质，在弹出的快捷菜单中选择"编辑"命令，如图 9-89 所示。

Step **02** 打开材质编辑器，单击"颜色"图标右侧的下拉按钮，在弹出的下拉菜单中可以选择 AutoCAD 提供的纹理贴图，如"棋盘格"，如图 9-90 所示。

图 9-89　选择"编辑"命令

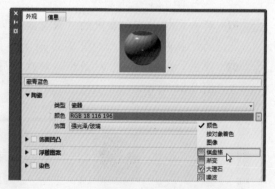

图 9-90　选择贴图

Step **03** 打开纹理编辑器，在"外观"卷展栏下对纹理的颜色进行自定义设置，在"变换"卷展栏下分别对纹理比例与重复方式进行自定义设置，如图 9-91 所示。

Step **04** 执行"渲染"命令，查看添加纹理到材质后的渲染效果，如图 9-92 所示。

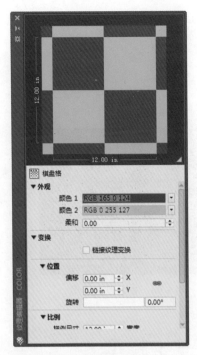

图 9-91　设置纹理参数

图 9-92　查看渲染效果

**Step 05** 返回材质浏览器，通过左侧树状图选择"织物"材质类别，在样例列表中选择并拖动"条纹布 黄白色"材质到曲面对象上，从而快速添加该材质，如图 9-93 所示。

**Step 06** 打开对应的材质编辑器，单击"图像"图标右侧的下拉按钮，在弹出的下拉菜单中选择"编辑图像"命令，如图 9-94 所示。

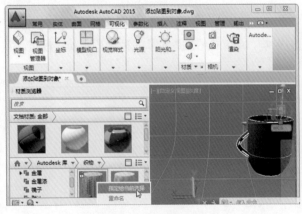

图 9-93　添加材质

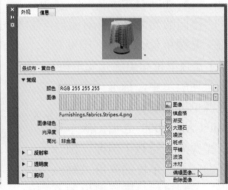

图 9-94　选择"编辑图像"命令

**Step 07** 打开纹理编辑器，设置图像比例和重复方式等参数，如图 9-95 所示。

**Step 08** 通过 ViewCube 导航工具切换到透视图，再次执行"渲染"命令，查看添加图像到曲面对象后的渲染效果，如图 9-96 所示。

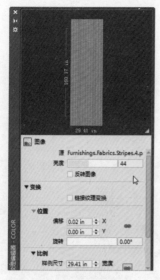

图 9-95  设置纹理参数

图 9-96  查看渲染效果

# 9.4  添加光源与渲染三维模型

创建光源可以增强场景的真实性，如果用户未在场景中手动创建光源，AutoCAD 将采用默认光源对场景进行着色。在默认光源下，三维模型中的所有面均会被照亮。用户可以通过创建点光源、聚光灯、平行光和天光等光源，以实现特定的光源效果。

## 基本知识

### 一、光源的类型

不同的光源类型会对图形产生不同的影响，AutoCAD 提供了三种光源单位：标准（常规）光源单位、国际（国际标准）光源单位和美制光源单位。在早期版本中，标准（常规）光源单位为默认的光源流程。AutoCAD 2008 之后的版本默认光源流程是基于国际（国际标准）光源单位的光度控制流程。美制单位与国际单位的不同之处在于美制的照度值使用尺烛光而非勒克斯。

在"可视化"选项卡下单击"光源"面板中的"国际光源单位"下拉按钮，在弹出的

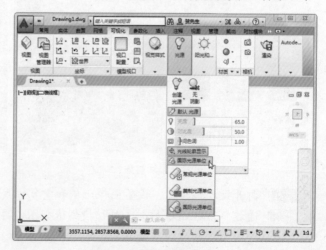

图 9-97  选择光源类型

下拉列表中即可选择不同的光源类型，如图 9-97 所示。

如果用户没有在场景中创建光源，将使用默认光源对场景进行着色。默认光源来自于视点后面的两个平行光源中。在开启默认光源时，将无法创建自定义光源和日光。在创建自定义光源和日光时，需要关闭默认光源。

渲染即通过已设置的光源、已应用的材质和相关环境设置等因素为场景中的三维几何图形进行着色。渲染器包括光线跟踪反射、折射以及全局照明等，可以生成真实的模拟光照效果。

二、渲染

AutoCAD 渲染器提供了一系列标准渲染预设，其中"草稿""低""中"预设渲染速度较快，适用于质量要求不高的渲染；而"高""演示"等预设则适用于质量要求较高的渲染。通过"渲染"面板中的"渲染预设"下拉列表可以选择所需的渲染预设，如图 9-98 所示。

图 9-98 选择渲染预设

通过单击"渲染"面板中的"调整曝光"按钮（图 9-99），可以打开"调整渲染曝光"对话框，如图 9-100 所示。在该对话框中，可以设置用于全局定义当前场景中图形的亮度、对比度、中间色调和室外日光的开启状态。

图 9-99 单击"调整曝光"按钮

图 9-100 "调整渲染曝光"对话框

通过单击"渲染"面板中的"环境"按钮（图 9-101），可以打开"渲染环境"对话框，如图 9-102 所示。在"渲染环境"对话框中，可以设置对象与当前观察方向之间的距离效果，如雾化效果、雾化背景、雾化百分比等。

图 9-101　单击"环境"按钮　　　　　　图 9-102　"渲染环境"对话框

### 实例 1　创建点光源

点光源是一种从其所在位置向四周发射光线且不以一个对象为目标的光源，用户可以通过使用点光源以达到基本的照明效果，还可以使用 TARGETPOINT 命令创建目标点光源。目标点光源和点光源的区别在于可用的目标特性，目标点光源可以指向一个对象。可以通过修改点光源的目标特性，将点光源转换为目标点光源。

下面将通过实例介绍如何创建点光源，具体操作方法如下。

**Step 01**　打开素材文件"创建点光源.dwg"，选择"可视化"选项卡，单击"渲染"面板中的"渲染"按钮，如图 9-103 所示。

**Step 02**　此时，AutoCAD 将采用默认光源渲染图形，三维模型中的所有面均会被照亮，如图 9-104 所示。

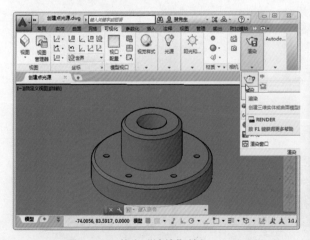

图 9-103　单击"渲染"按钮　　　　　　图 9-104　查看渲染效果

**Step 03** 打开"光源"面板，单击"默认光源"按钮，取消其亮显状态，从而关闭默认光源，如图 9-105 所示。

**Step 04** 设置光源单位为"国际光源单位"，单击"创建光源"下拉按钮，在弹出的下拉菜单中选择"点"命令，如图 9-106 所示。

图 9-105　关闭默认光源

图 9-106　选择"点"命令

**Step 05** 在图形合适位置指定源位置，创建一个点光源，如图 9-107 所示。

**Step 06** 在弹出的快捷菜单中选择"强度"命令，如图 9-108 所示。

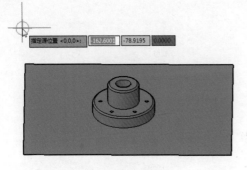

图 9-107　创建点光源

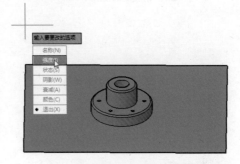

图 9-108　选择"强度"命令

**Step 07** 输入 15 并按【Enter】键确认，修改强度因子的值，如图 9-109 所示。

**Step 08** 再次执行"渲染"命令，会发现渲染后的图形比之前要真实些，但其阴影过于生硬，如图 9-110 所示。

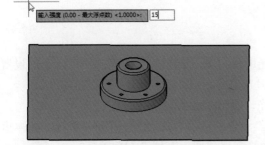

图 9-109　修改强度因子值

图 9-110　查看渲染效果

**Step 09** 再次执行"点"命令，在图形合适位置创建另一个点光源，如图 9-111 所示。

**Step 10** 再次执行"渲染"命令，查看添加辅助光源后的渲染效果，如图 9-112 所示。

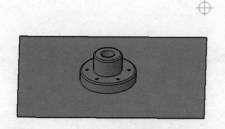

图 9-111　创建点光源

图 9-112　查看渲染效果

**Step 11** 单击"光源"面板右下角的 ■ 按钮，打开"模型中的光源"面板，在列表框中显示已添加的光源名称。右击光源名称，在弹出的快捷菜单中可执行相应命令。例如，选择"轮廓显示"|"开"命令，在场景中将始终显示点光源的轮廓，如图 9-113 所示。

**Step 12** 如果选择"特性"选项，将打开"特性"面板，可以对光源的强度因子、阴影细节等进行自定义设置，如图 9-114 所示。

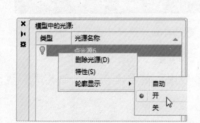

图 9-113　选择"轮廓显示"|"开"命令

图 9-114　设置光源特性

## 实例 2　创建阳光与天光

阳光与天光是创造自然照明的光源。阳光即模拟太阳光源效果的光源，可以通过设置模型的地理位置，以及指定日期与时间定义阳光角度。

下面将通过实例介绍如何创建阳光与天光，具体操作方法如下。

**Step 01** 打开素材文件"创建阳光与天光.dwg"，右击场景右侧的 ViewCube 图标，在弹出的快捷菜单中选择"透视"命令，切换到透视图，如图 9-115 所示。

**Step 02** 选择"可视化"选项卡，打开"阳光和位置"面板中的"关闭天光"下拉菜单，选择"天光背景和照明"命令，打开天光与背景照明，如图 9-116 所示。

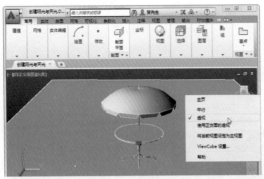

图 9-115　选择"透视"命令　　　　　图 9-116　选择"天光背景和照明"命令

**Step 03**　单击"阳光和位置"面板中的"阳光状态"按钮，启用阳光模拟照明，如图 9-117
　　　　所示。

**Step 04**　单击"阳光和位置"面板中的"设置位置"下拉按钮，在弹出的下拉菜单中选择
　　　　"从地图"命令，如图 9-118 所示。

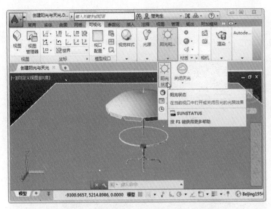

图 9-117　单击"阳光状态"按钮　　　　　图 9-118　选择"从地图"命令

**Step 05**　选择地区、城市并添加标记，然后单击"下一步"按钮，如图 9-119 所示。

**Step 06**　选择具体坐标，然后单击"下一步"按钮，如图 9-120 所示。

图 9-119　选择地区、城市并添加标记　　　　　图 9-120　选择坐标

**Step 07** 在绘图区中单击选择具体位置，如图 9-121 所示。

**Step 08** 单击指定北向角度，如图 9-122 所示。

图 9-121　选择位置　　　　　　　　　　　图 9-122　指定北向角度

**Step 09** 位置设置成功，如图 9-123 所示。

**Step 10** 执行"渲染"命令，查看添加阳光与天光后的渲染效果，如图 9-124 所示。

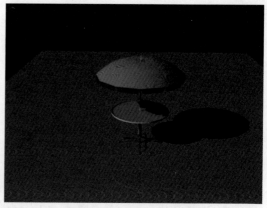

图 9-123　设置成功　　　　　　　　　　　图 9-124　查看渲染效果

## 实例 3　渲染输出对象

当光源和材质调整到最佳状态后，即可渲染输出对象。此时，可以调整渲染预设的级别及渲染尺寸等参数，从而得到较高的渲染质量。

下面将通过实例介绍如何渲染输出对象，具体操作方法如下。

**Step 01** 打开素材文件"渲染输出对象.dwg"，在"可视化"选项卡下"渲染"面板中调整渲染预设级别与渲染质量。例如，设置渲染预设级别为"草稿"，设置"渲染质量"为 -1，如图 9-125 所示。

**Step 02** 执行"渲染"命令，可以快速得到草稿级别的渲染效果，如图 9-126 所示。该设置适合以较短时间查看图形的简单渲染效果。

图 9-125　设置渲染参数　　　　　　　　　图 9-126　渲染对象

**Step 03** 当光源与材质等调整完毕后，可以渲染输出对象时，单击"渲染"面板右下角的 按钮，打开"高级渲染设置"面板，通过"选择渲染预设"下拉列表选择"演示"渲染预设级别，如图 9-127 所示。

**Step 04** 单击"常规"卷展栏下"渲染描述"右侧的"确定是否写入文件"按钮 ，如图 9-128 所示。

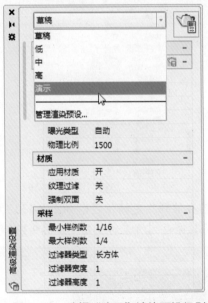

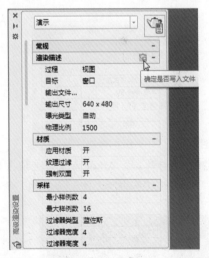

图 9-127　选择"演示"渲染预设级别　　　　图 9-128　单击"确定是否写入文件"按钮

**Step 05** 此时，"输入文件名称"项将从灰色不可选状态变为可选状态。选择该选项，当右侧出现"浏览"按钮 时，单击该按钮，如图 9-129 所示。

**Step 06** 弹出"渲染输出文件"对话框，设置文件名、文件类型及输出路径等参数，然后单击"保存"按钮，如图 9-130 所示。

图 9-129　单击"浏览"按钮

图 9-130　"渲染输出文件"对话框

**Step 07** 弹出"BMP 图像选项"对话框，设置颜色位数，然后单击"确定"按钮，如图 9-131 所示。

**Step 08** 设置输出尺寸等其他参数，单击"高级渲染设置"面板右上角的"渲染"按钮，如图 9-132 所示。

图 9-131　"BMP 图像选项"对话框

图 9-132　单击"渲染"按钮

**Step 09** 等待片刻，AutoCAD 将渲染图像，并将其存储到指定的位置，如图 9-133 所示。也可以单击"文件"|"保存"命令，手动将其保存到所需的位置，如图 9-134 所示。

图 9-133　渲染对象

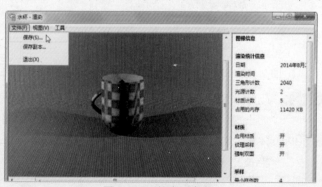

图 9-134　保存对象

# 本章小结

本章主要介绍了三维编辑及渲染的相关知识。通过本章的学习，读者应重点掌握以下知识。

（1）学会改变三维图形位置，以及更改三维模型形状，如移动、旋转、镜像、剖切、加厚三维图形。

（2）能够快速地为三维图形添加材质、贴图和光源等。

（3）能够根据需要对图形进行渲染。。

# 本章习题

1. 为图形添加聚光灯。

操作提示：

聚光灯是一种发射定向锥形光聚焦光束的光源。聚光灯的强度根据相对于聚光灯的目标矢量的角度进行衰减，即受聚光角角度和照射角角度的影响。聚光灯用于亮显模型中的特定区域。

关闭默认光源，单击"光源"面板中的"创建光源"下拉按钮，选择"聚光灯"命令，在绘图区中指定聚光灯的源位置，然后为聚光灯指定目标位置，即可添加聚光灯。

2. 为法兰盘图形和背景分别添加合适的材质。

操作提示：

（1）选择法兰盘图形对象，打开材质浏览器，右击样例列表中要添加的材质，在弹出的快捷菜单中选择"指定给当前选择"命令，如图 9-135 所示。

（2）找到要添加的"格子花呢 4"材质，将其添加到法兰盘图形下方的曲面对象上，如图 9-136 所示。

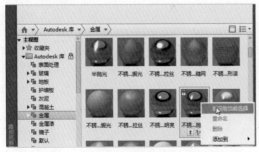
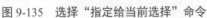

图 9-135 选择"指定给当前选择"命令

图 9-136 添加材质

（3）打开织物材质对应的材质编辑器，单击"图像"右侧的下拉按钮，在弹出的下拉菜单中选择"编辑图像"命令，如图 9-137 所示。

（4）打开纹理编辑器，设置图像比例和平铺方式等参数，如图 9-138 所示。

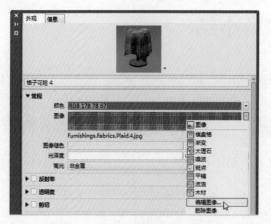

图 9-137　选择"编辑图像"命令

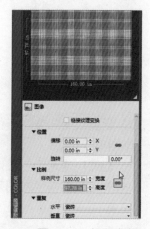

图 9-138　设置参数

（5）执行"渲染"命令，查看最终的渲染效果，如图 9-139 所示。

图 9-139　查看渲染效果

# 第 10 章　图形文件的输出与打印

**【本章导读】**

当完成图形的绘制后，即可对其进行输出操作，输出的图形文件可在其他应用程序中打开，或者进行打印，也可直接在 AutoCAD 中进行打印。在输出文件时，需要对布局进行设置，以达到设计要求。本章将详细介绍输出与打印图形的方法。

**【本章目标】**

➢ 学会在 AutoCAD 2015 中将图形文件输出为不同的格式文件。
➢ 学会在 AutoCAD 2015 中将图形打印出来。
➢ 学会对 AutoCAD 2015 打印参数进行设置。

## 10.1　图形的输出

在绘制图形的过程中，可以随时通过多种方式输出图形文件，从而与其他设计者共享或协作完成该文件。例如，可以通过 DWF 和 PDF 等工具将文件输出为特定格式；可以通过"电子传递"工具将图形文件及字体打包；可以通过"网上发布"向导创建 Web 页格式文件等。

**实例 1　输出 PDF 文件**

DWF 是一种开放、安全的文件格式，用户可以通过 DWF 文件将设计数据分发给需要查看或打印数据的客户。输出 PDF 文件的具体操作方法如下。

**Step 01** 打开素材文件"输出 PDF 文件.dwg"，选择"输出"选项卡，然后单击"输出为 DWF/PDF"面板中的"输出"下拉按钮，在弹出的下拉列表中选择 PDF 命令，如图 10-1 所示。

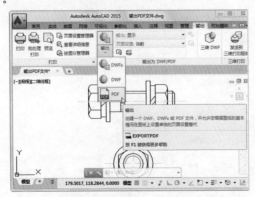

图 10-1　选择 PDF 命令

**Step 02** 弹出"另存为 PDF"对话框，设置保存路径和文件名，然后单击"选项"按钮，如图 10-2 所示。

图 10-2　"另存为 PDF"对话框

**Step 03** 弹出"输出为 DWF/PDF 选项"对话框，设置输出参数，如"替代精度""密码保护"等，设置完毕后单击"确定"按钮，然后单击"打印戳记设置"按钮，如图 10-3 所示。

**Step 04** 弹出"打印戳记"对话框，设置需要添加的打印戳记，然后单击"高级"按钮，如图 10-4 所示。

图 10-3　设置输出参数

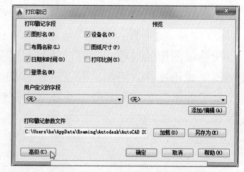

图 10-4　"打印戳记"对话框

**Step 05** 弹出"高级选项"对话框，设置打印戳记的具体位置和文字字体，依次单击"确定"按钮，如图 10-5 所示。

**Step 06** 返回"另存为 PDF"对话框，单击"保存"按钮，如图 10-6 所示。

图 10-5　"高级选项"对话框

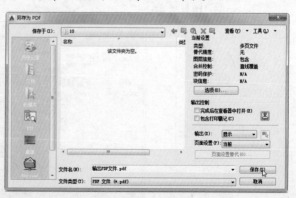

图 10-6　"另存为 PDF"对话框

**Step 07** 在程序右下角出现"完成打印和发布作业"提示信息框，提示发布成功，如图10-7所示。

**Step 08** 通过 Adobe Reader 电子书阅读软件打开文件，即可查看文件效果，如图10-8所示。

图10-7　发布成功

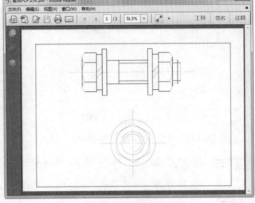

图10-8　查看文件效果

## 实例2　电子传递

在打开其他设计者分享的图形文件时，有时会因为缺少关联字体或参照等从属文件，导致无法正常显示该文件。通过"电子传递"工具将图形文件打包，再分享给其他设计者，可以避免此类问题的发生，具体操作方法如下。

**Step 01** 打开素材文件"电子传递.dwg"，单击"应用程序"按钮，打开应用程序菜单，选择"发布"|"电子传递"命令，如图10-9所示。

**Step 02** 弹出"创建传递"对话框，查看"文件树"选项卡下列表中自动添加的文件是否完整，若需添加其他文件，则单击"添加文件"按钮进行添加，设置完毕后单击"传递设置"按钮，如图10-10所示。

图10-9　选择"电子传递"命令

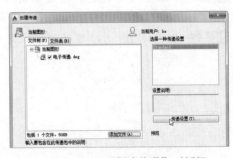

图10-10　"创建传递"对话框

**Step 03** 弹出"传递设置"对话框，可单击"新建"按钮，新建传递设置；也可单击"修改"按钮，修改当前设置，如图10-11所示。

**Step 04** 例如，单击"修改"按钮，将弹出"修改传递设置"对话框，对传递包类型、文件格式和存储位置等进行自定义设置，如图10-12所示。

图 10-11 "传递设置"对话框

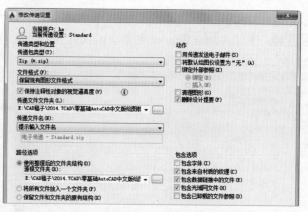

图 10-12 "修改传递设置"对话框

**Step 05** 设置完毕后，依次单击"确定"和"关闭"按钮。弹出"指定 Zip 文件"对话框，在其中单击"保存"按钮，如图 10-13 所示。

**Step 06** 此时，即可在指定位置创建一个指定格式的电子传递包，如图 10-14 所示。

图 10-13 "指定 Zip 文件"对话框

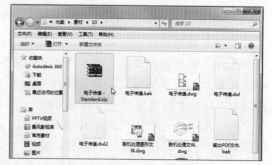

图 10-14 创建电子传递包

**Step 07** 双击电子传递包，通过 WinRAR 程序打开压缩包，查看内部已添加的文件，如图 10-15 所示。

**Step 08** 打开以 txt 为后缀的记事本文件，查看电子传递包的相关详细报告，如图 10-16 所示。

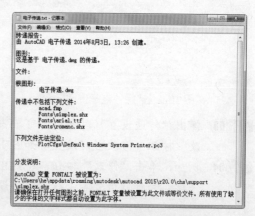

图 10-15 查看文件

图 10-16 查看详细报告

## 实例 3 ＼ 网上发布

"网上发布"向导工具使不熟悉 HTML 编码的用户也可以轻松创建 Web 页格式的文件，以便将其在互联网上进行共享，具体操作方法如下。

**Step 01** 打开素材文件"网上发布.dwg"，在命令行窗口中输入命令 PUBLISHTOWEB，按【Enter】键确认，如图 10-17 所示。

**Step 02** 弹出"网上发布-开始"对话框，选中"创建新 Web 页"单选按钮，然后单击"下一步"按钮，如图 10-18 所示。

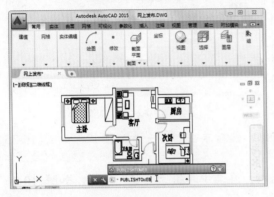

图 10-17　执行命令　　　　　　　　　图 10-18　"网上发布-开始"对话框

**Step 03** 输入文件名称及说明信息等，然后单击"下一步"按钮，如图 10-19 所示。

**Step 04** 设置图像类型和图像大小，然后单击"下一步"按钮，如图 10-20 所示。

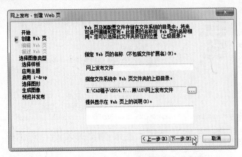

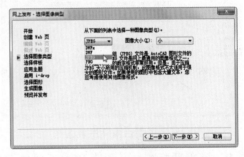

图 10-19　输入文件名称及说明信息　　　图 10-20　设置图像类型和图像大小

**Step 05** 在列表中选择所需的样板，然后单击"下一步"按钮，如图 10-21 所示。

**Step 06** 选择所需的 Web 页预设主题，然后单击"下一步"按钮，如图 10-22 所示。

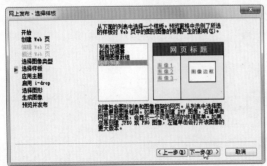

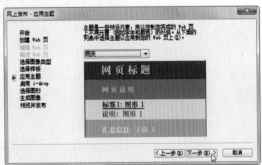

图 10-21　选择样板　　　　　　　　　图 10-22　选择 Web 页预设主题

**Step 07** 选择是否启用"i-drop"功能，启用该功能可以方便其他用户拖放图形文件到 AutoCAD 的任务中，然后单击"下一步"按钮，如图 10-23 所示。

**Step 08** 单击"添加"按钮，添加图形到"图像列表"中，然后单击"下一步"按钮，如图 10-24 所示。

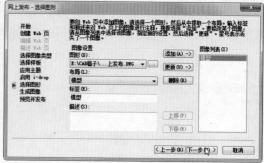

图 10-23 启用"i-drop"功能        图 10-24 添加图形

**Step 09** 选择是否重新生成已修改图形的图像，然后单击"下一步"按钮，如图 10-25 所示。

**Step 10** 弹出"网上发布-预览并发布"对话框，在其中单击"预览"按钮，如图 10-26 所示。

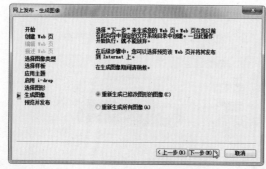
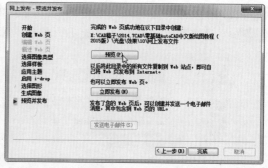

图 10-25 选择是否重新生成图像        图 10-26 "网上发布-预览并发布"对话框

**Step 11** 弹出预览窗口，预览 Web 页图像效果，如图 10-27 所示。

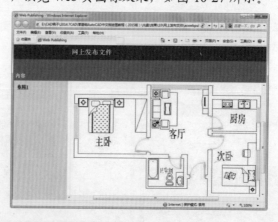

图 10-27 预览 Web 页图像效果

**Step 12** 关闭预览窗口，返回"网上发布-预览并发布"对话框，单击"立即发布"按钮，弹出"发布 Web"对话框，设置保存路径，单击"保存"按钮，如图 10-28 所示。

图 10-28　"发布 Web"对话框

**Step 13** 如果发布成功，将弹出对话框，显示相关提示信息，如图 10-29 所示。在"立即发布"按钮下方将出现"发送电子邮件"按钮，单击该按钮，可关联到系统已安装的邮件客户端，以便将 Web 页上传到互联网后发送链接给其他设计者。

**Step 14** 在设置的保存路径下，即可找到新发布的 Web 页格式文件，如图 10-30 所示。

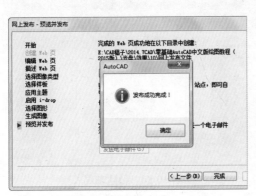

图 10-29　发布成功

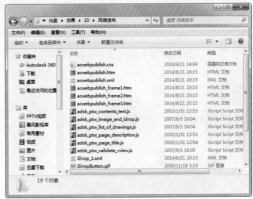

图 10-30　查看文件

# 10.2　打印图形文件

在 AutoCAD 2015 中，用户可以通过"打印"工具将图像打印到图纸上。在打印图形文件前，可以创建多种不同的布局，以满足不同的打印需要；或对打印范围、图纸尺寸等进行自定义设置。

## 实例 1　应用布局

在 AutoCAD 2015 中，每个布局类似于单独的打印图纸，它包含一个视图，该视图可以按用户指定的比例和方向显示模型。应用布局的具体操作方法如下。

**Step 01** 打开素材文件"应用布局.dwg",单击命令行窗口下方"模型"选项卡右侧的"布局1"选项卡,即可切换到该布局,如图10-31所示。

**Step 02** 双击布局中的图形区域,进入模型空间,可以对布局视图进行平移、缩放等操作。调整完毕后,双击布局边框外部区域,返回图纸空间即可,如图10-32所示。

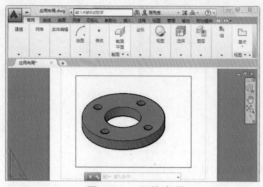

图 10-31　切换布局

图 10-32　布局视图

**Step 03** 选择"布局"选项卡,单击"布局"面板中的"新建"下拉按钮,在弹出的下拉菜单中选择"新建布局"命令,如图10-33所示。

**Step 04** 输入新布局的名称,即可新建一个布局,如图10-34所示。

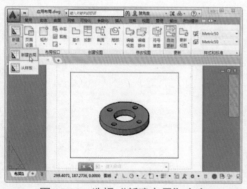

图 10-33　选择"新建布局"命令

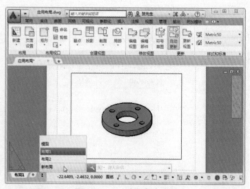

图 10-34　新建布局

**Step 05** 单击"布局"面板中的"页面设置"按钮,弹出"页面设置管理器"对话框,单击"修改"按钮,如图10-35所示。

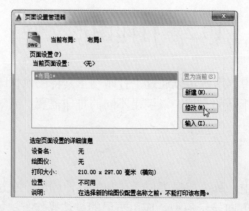

图 10-35　"页面设置管理器"对话框

**Step 06** 弹出"页面设置"对话框，即可自定义当前布局的页面设置各项参数，如图 10-36 所示。

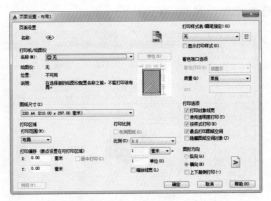

图 10-36　"页面设置"对话框

**Step 07** 通过"布局视口"面板中的"多边形"下拉按钮，可以创建指定大小的矩形视口和不规则视口，如图 10-37 所示。

**Step 08** 删除布局中的视口，然后单击"创建视图"面板中的"基点"下拉按钮，在弹出的下拉菜单中选择"从模型空间"命令，如图 10-38 所示。

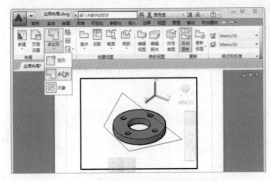

图 10-37　创建视口　　　　　　　　图 10-38　选择"从模型空间"命令

**Step 09** 选择"工程视图创建"选项卡，通过"方向"面板设置视图方向，单击指定视图位置，然后单击"创建"面板中的"确定"按钮，如图 10-39 所示。

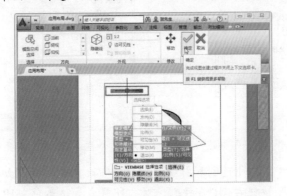

图 10-39　单击"确定"按钮

**Step10** 依次在图形区域的适当位置单击鼠标左键，即可创建多个方向的工程视图，如图 10-40 所示。创建完毕后，选择其中的视图，可以进行自定义显示比例、获取截面以及创建局部视图等操作。

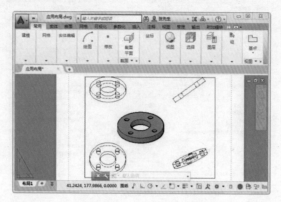

图 10-40　创建工程视图

### 实例 2　预览与打印

在打印图形文件前，用户可以对其各项参数进行设置，还可以预览打印效果。下面将通过实例介绍如何预览与打印图形文件，具体操作方法如下。

**Step01** 打开素材文件"预览与打印.dwg"，选择"输出"选项卡，单击"打印"面板中的"打印"按钮，如图 10-41 所示。

**Step02** 弹出"打印-模型"对话框，在"打印机/绘图仪"选项区中的"名称"下拉列表中自定义打印机样式，如图 10-42 所示。

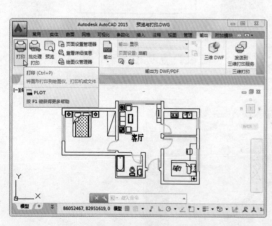

图 10-41　单击"打印"按钮

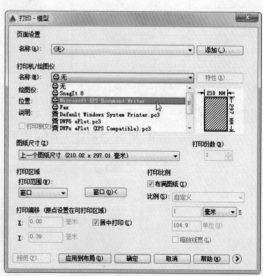

图 10-42　"打印-模型"对话框

**Step03** 设置图纸尺寸、打印范围和打印份数、打印比例等参数，如图 10-43 所示。

**Step04** 单击"帮助"按钮右侧的⊙按钮，对打印样式表、着色打印、图形方向、打印戳记等其他参数进行自定义设置，如图 10-44 所示。

图 10-43  设置打印参数 　　　　　　　　　　　图 10-44  设置更多参数

**Step 05** 设置完毕后，单击"预览"按钮，可以预览打印效果，如图 10-45 所示。检查无误后，单击窗口左上方的"打印"按钮进行打印即可。

**Step 06** 打印完毕后，可单击"打印"面板中的"查看详细信息"按钮，在弹出的对话框中查看打印详细信息，如图 10-46 所示。

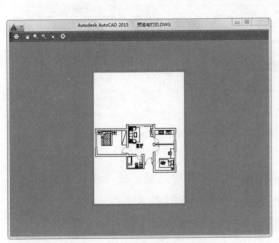

图 10-45  预览打印样式 　　　　　　　　　　图 10-46  查看打印详细信息

实例 3　页面设置管理器

　　页面设置管理器用于新建或修改现有页面设置，以便在打印文件时随时调用，具体操作方法如下。

**Step 01** 选择"输出"选项卡，在"打印"面板中单击"页面设置管理器"按钮，如图 10-47 所示。

**Step 02** 弹出"页面设置管理器"对话框，即可新建或管理页面设置，如单击"新建"按钮，如图 10-48 所示。

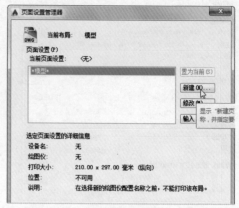

图 10-47　单击"页面设置管理器"按钮　　　　图 10-48　"页面设置管理器"对话框

**Step 03** 弹出"新建页面设置"对话框，在"新页面设置名"文本框中输入设置名称，在"基础样式"列表中选择基础样式，然后单击"确定"按钮，如图 10-49 所示。

**Step 04** 弹出"页面设置-模型"对话框，设置各项参数，然后单击"确定"按钮，如图 10-50 所示。

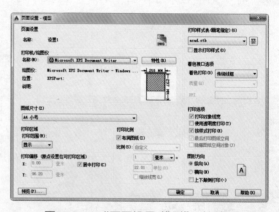

图 10-49　"新建页面设置"对话框　　　　　图 10-50　"页面设置-模型"对话框

**Step 05** 返回"页面设置管理器"对话框，在列表中显示新建设置，选择该设置名称，单击"置为当前"按钮，将其置为当前设置，如图 10-51 所示。

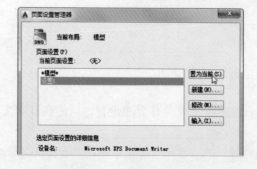

图 10-51　置为当前设置

**Step 06** 打开"打印"对话框，将默认应用该设置，如图 10-52 所示。

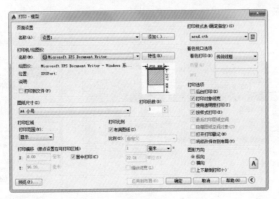

图 10-52　"打印"对话框

# 本章小结

本章主要介绍了在 AutoCAD 2015 中输出与打印图形的相关知识。通过本章的学习，读者应重点掌握以下知识。

（1）能够熟练地将图形文件输出为其他格式。

（2）能够将图形文件进行电子传递。

（3）能够熟练地进行页面设置并打印。

# 本章习题

1．设置好联机处理图形文件。

操作提示：

用户可将图形文件上传到 Autodesk 360 云服务器中，通过 AutoCAD WS 在互联网上与其他设计者实时协作处理图形文件，具体操作方法如下。

注册 Autodesk 360 账户后，在 Autodesk 360 选项卡下单击"联机文件"面板中的"打开 Autodesk 360"按钮，在弹出的浏览器页面中根据提示上传文档，然后将文档设为私有共享，再添加联系人，即可让联系人通过邮箱超链接进行联机处理。

2．将常用页面设置保存起来方便随时调用。

操作提示：

使用页面设置管理器可新建或修改现有页面设置，以便在打印文件时随时调用，具体操作方法如下。

（1）选择"输出"选项卡，在"打印"面板中单击"页面设置管理器"按钮，如图 10-53 所示。

（2）弹出"页面设置管理器"对话框，即可新建或管理页面设置，如单击"新建"按钮，如图 10-54 所示。

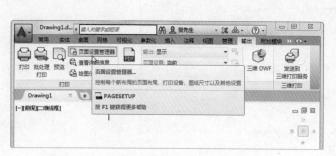

图 10-53　单击"页面设置管理器"按钮　　　　　图 10-54　"页面设置管理器"对话框

（3）在弹出的对话框中输入名称后，弹出"页面设置"对话框，设置各项参数，然后单击"确定"按钮，如图 10-55 所示。

（4）返回"页面设置管理器"对话框，在列表框中选择新建设置，单击"置为当前"按钮，然后关闭该对话框，当再次打开"打印"对话框时，将默认应用该设置，如图 10-56 所示。

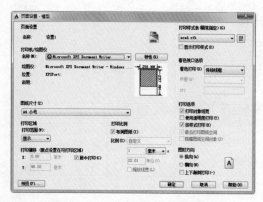

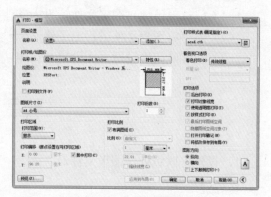

图 10-55　"页面设置"对话框　　　　　　　图 10-56　查看设置效果